Hoe de bijen het varroaprobleem oplossen

Een praktische gids voor imkers

Steve Riley

Imkervereniging Westerham

Northern Bee Books

Hoe de bijen het varroaprobleem oplossen

Nederlandse versie uitgegeven in 2026 door;
Northern Bee Books,
Scout Bottom Farm,
Mytholmroyd,
West Yorkshire
HX7 5JS (UK)
Tel: 01422 882751
Fax: 01422 886157
www.northernbeebooks.co.uk

ISBN 978-1-9192004-6-0

Layout en ontwerp DM Design and Print

Vertaling: Tieme Wanders en Pim Brascamp

Voorkant: © Dan Peterson De illustratie laat het debat zien tussen natuurlijke selectie en creationisme in de negentiende eeuw.
www.danpetersonillustrator.co.uk

Down House, Darwins familiehuis, is gelegen in het noordelijke puntje van het gebied waar de leden van imkervereniging Westerham actief zijn.

Hoe de bijen het varroaprobleem oplossen

Een praktische gids voor imkers

Steve Riley
Imkervereniging Westerham

Inleiding tot de Nederlandse versie

Deze vertaling naar het Nederlands is tot stand gekomen na interesse van imkers in Nederland en België. Dank aan Tieme Wanders voor het vertalen van de tekst en tabellen; jouw enthousiasme, expertise en interesse in het onderwerp hebben dit mogelijk gemaakt. Dank ook aan Pim Brascamp die de vertaling heeft proefgelezen.

Updates sinds de Engelse editie in april 2024 werd gepubliceerd:

Het toevoegen van een hygiënisch kenmerk, zoals varroaresistentie, is goed voor de gezondheid van bijenvolken. Mijtenaantallen worden door de bijen onder controle gehouden en daardoor blijven ook niveaus laag van het verkreukelde vleugelvirus dat door mijten wordt overgedragen. In 2025 werden bij Westerham Imkers de laagste aantallen mijten in onze volken geteld. Dit is het resultaat van meerjarige selectie van koninginnenlijnen waarvan de dochters varroaresistente eigenschappen vertonen.

De groeiende interesse van imkers in varroaresistente bijen heeft geleid tot het gangbaar worden van voorlichting over dit onderwerp. In het VK zijn presentaties over dit onderwerp een vast onderdeel geworden van nationale en regionale conferenties, iets wat vijf jaar geleden nog ondenkbaar was. De BBKA (British Beekeepers' Association) heeft varroaresistentie opgenomen in het onderwijsprogramma en BIBBA (Bee Improvement and Bee Breeders Association) promoot de praktische en wetenschappelijke vooruitgang.

Op het Europese vasteland wint het project "Varroa-Resistance 2033" aan momentum. Dit project heeft als doel de varroaresistentie te verspreiden en biotechnische methoden te gebruiken zodat er in 2033 geen chemische bestrijdingsmiddelen meer worden gebruikt. Een conferentie in november 2025 trok bijna 200 deelnemers uit 13 landen, met nog drie conferenties gepland voor 2026.

www.varroaresistenzprojekt.eu

Onderscheidingen:

Meer bewijs dat varroaresistentie gangbaar wordt, was te zien op Apimondia 2025 in Kopenhagen, waar "The Honey Bee Solution to Varroa" een zilveren medaille won bij de World Beekeeping Awards.

In een recensie van dit boek zei professor Thomas D. Seeley: "Dit opmerkelijke boek presenteert een praktische oplossing voor het varroaprobleem zonder chemische behandeling. De auteur legt uit dat in volken, die zonder behandeling overleven, de werksters varroa niet bestrijden door de volwassen mijten te doden, maar door de door geïnfecteerde broedcellen op te sporen en uit te knagen om de voortplanting van de mijten te onderbreken. Dit boek is een eersteklas gids over hoe je met eenvoudige hulpmiddelen mijtbestendige volken kunt vinden: gaasbodem en varroalade. De imker leert daardoor welke van zijn/haar volken genen hebben die moeten worden doorgegeven in een selectieprogramma voor de behandelingsvrije bijenteelt.

Voorwoord

De mijt *Varroa destructor* ("varroa") is al 30 jaar de grootste plaag voor honingbijen in het Verenigd Koninkrijk en elders in Europa. Toen varroa voor het eerst opdook, waren imkers aanvankelijk erg terughoudend om bestrijdingsmiddelen te gebruiken om de mijten onder controle te houden. Tegenwoordig is het gebruik van chemicaliën in bijenvolken om varroa te bestrijden een geaccepteerd onderdeel van de imkerij. Maar is dit de enige optie?

De afgelopen 10-15 jaar heeft er een stille, grotendeels verborgen revolutie plaatsgevonden in de Britse bijenteelt. Steeds meer imkers beheren hun volken zonder enige vorm van varroabehandeling. In het Verenigd Koninkrijk was het wijlen Ron Hoskins die het voortouw nam en zijn volken decennialang hield zonder behandeling tegen varroa. Momenteel zijn er naar schatting 1.800 imkers in het Verenigd Koninkrijk die al zes jaar, of langer, geen behandeling tegen varroa meer hebben toegepast. Wat is er aan de hand en hoe kunt u geld en tijd besparen door u aan te sluiten bij het groeiende aantal imkers die geen behandeling tegen varroa meer nodig heeft?

Dit boek laat u zien hoe.

Het boek is geschreven door een imker voor imkers. Het is gebaseerd op het persoonlijke avontuur van de auteur om, met betrekking tot varroa, een behandelingsvrije imker te worden. De eerste paar hoofdstukken introduceren de lezer in de basisbiologie van de mijt, de rol van virussen en de opkomst van varroaresistentie in zowel het Verenigd Koninkrijk als daarbuiten. Deze informatie stelt de lezer in staat om te begrijpen hoe resistente honingbijen zich hebben aangepast om met de mijten om te gaan. Omdat het onderzoek naar varroaresistentie zich de afgelopen zes jaar snel heeft ontwikkeld, was veel van deze informatie nog niet bekend toen het selectieprogramma van de auteur van start ging.

Ook stellen de eerste hoofdstukken de lezer volledig op de hoogte van de nieuwste wetenschappelijke inzichten. Dit vormt de basis die de imker in staat stelt om het 'waarom' te begrijpen dat ten grondslag ligt aan het meer praktische en meer belangrijke tweede deel van het boek. Dat deel gaat over hoe de auteur en zijn collega's in zes jaar tijd, met behulp van eenvoudige methoden die voor alle imkers toepasbaar zijn, met succes een varroaresistente honingbijenpopulatie hebben bereikt.

Het was niet eenvoudig; ze maakten fouten en de leercurve was steil. Maar ervaring is leren van fouten en daarom bevat hoofdstuk 14 'Geleerde lessen' veel belangrijke inzichten.

Dit is een heel praktisch boek dat de observaties en ideeën van de auteur bevat en tegelijkertijd ingaat op veel van de zorgen die imkers hebben geuit over de overgang naar behandelingsvrije imkerij. Het boek is rijkelijk geïllustreerd en, wat ook belangrijk is, transparant omdat het de gegevens en observaties bevat waarop beslissingen van de auteur zijn gebaseerd. Dit is het eerste boek dat een praktische, behandelingsvrije oplossing voor de lange termijn biedt voor het varroaprobleem. De gebruikte methoden zijn eenvoudig, gemakkelijk te volgen en aan te passen aan de situatie van elke imker of vereniging, en ze werken bij elk ras honingbijen, in elk type kast en in elke omgeving.

Veel succes met uw persoonlijke reis naar het beheer van uw eigen varroaresistente honingbijen.

Emeritus Professor Stephen Martin F.E.S.

Contents

1
Inleiding

Een deel van de leden van onze imkervereniging Westerham in het grensgebied tussen Kent en Surrey in Engeland, raakte geïnteresseerd in varroaresistente bijen toen duidelijk werd dat de Europese honingbij (*Apis mellifera*) in staat was om de aanwezigheid van *Varroa destructor* ("varroamijt") te overleven zonder hulp van de imker. Net als veel andere imkers voelden wij ons altijd ongemakkelijk bij het gebruik van chemische bestrijdingsmiddelen tegen de mijten in onze volken en we gingen op zoek naar een duurzame oplossing die door de bijen zelf werd ingegeven. We hebben deze oplossing ook gevonden.

Toen we in 2017 met het project begonnen, was er al een groeiend aantal bestaande varroaresistente volken in het Verenigd Koninkrijk en elders. De uitdaging voor ons was dat er geen cursus was die we konden volgen en dat we ook geen inzicht hadden in de manieren waarop de bijen hun mijtpopulaties onder controle kunnen houden. De bijen waren hun onderzoekers voor. Die liepen op hun beurt weer mijlenver voor op de imkercursussen. We besloten daarom om onze eigen gegevens te verzamelen en zelf onderzoek te doen zodat we keuzes konden maken die van invloed waren op onze volken.

Momenteel richt het grootste deel van de imkercursus zich op het bestrijden van de mijt zodat de volken kunnen overleven. Toen de varroamijt voor het eerst opdook, was een strategie die bekend staat als "geïntegreerde plaagbestrijding", een verstandige en essentiële aanpak om de bijenvolken te behouden. Meer dan 30 jaar later hebben deze bestrijdingsmethoden het onbedoelde gevolg dat het varroa-probleem maar blijft voortduren.

De wens te begrijpen hoe sommige bijenvolken varroa overleven, heeft de aandacht getrokken van 's werelds beste wetenschappers op het gebied van de bijenteelt. We hadden het geluk dat we Dr. Ralph Büchler als mentor hadden bij de start van het project en de afgelopen jaren ook emeritus professor Stephen Martin. Hartelijk dank aan beiden. Dit boek combineert de stappen die we hebben gezet om varroaresistentie te vinden. Met het nieuwste onderzoek naar de manieren waarop bijen de mijtpopulaties onder controle houden. De bedoeling is om in het onderwijs de kloof te dichten tussen het onderzoek naar de overlevingsmechanismen van de bijen tegen de mijt, en de praktische stappen die imkers kunnen zetten om deze zichtbare eigenschappen in de volken te herkennen. Ook opgenomen zijn de lessen die we onderweg hebben geleerd, een analyse van een heel jaar van een resistent volk alsmede een stapsgewijze aanpak om te beginnen en van de bestrijdingsmiddelen af te komen. Het boek laat aan het einde zien dat er bijen zijn die de voortplanting van varroa in het werksterbroed tot een zo laag niveau hebben beperkt, dat het vergelijkbaar is met hoe de oorspronkelijke gastheer, *Apis cerana* in Azië, de parasiet onder controle houdt.

Bij onze vereniging hebben we in onze lokale bijen naar volken gezocht die hun eigen mijtbesmetting beheersen zonder dat de imker hoeft in te grijpen, en deze ook gevonden. In onze opleidingsbijenstal delen we onze kennis en onze methoden met andere geïnteresseerde verenigingen die hun eigen projecten zijn gestart. Het vinden van varroaresistentie is haalbaar door het monitoren van kleine aantallen lokaal aangepaste bijenvolken.

We hopen dat u het boek nuttig vindt. Het selecteren op varroaresistentie is de grootste vernieuwing in de bijenteelt in vele decennia en ligt binnen het bereik van alle imkers.

Steve Riley

Imkervereniging Westerham

2
Ontstaan van varroaresistentie

Sinds de jaren negentig hebben honingbijen zich in veel landen aangepast aan varroa, met name in landen waar behandeling tegen mijten niet beschikbaar was of te duur. Grote, productieve en gezonde varroaresistente honingbijenpopulaties komen voor in heel Afrika bezuiden de Sahara, in het grootste deel van Zuid- en Midden-Amerika en op Cuba. Er zijn goed bestudeerde populaties in Avignon in Frankrijk, op het eiland Gotland in Zweden, in Oslo in Noorwegen en in het Arnot Forest in de staat New York van de VS. Deze populaties hebben waardevolle inzichten geleverd in de eigenschappen die de bijen hebben ontwikkeld om de mijt onder de duim te houden. Een goed en gratis toegankelijk overzicht over resistente volken werd in 2016 gepubliceerd door Barbara Locke: "Natural Varroa mite- surviving *Apis mellifera* honey bee populations". Kortom, varroaresistentie is ontstaan zonder dat imkers zich hebben gemengd in het aanpassingsproces van de bijen.

Varroa in het Verenigd Koninkrijk

Varroamijten werden voor het eerst gemeld in het Verenigd Koninkrijk in 1992, nadat ze zich geleidelijk vanuit Azië over de continenten hadden verspreid. In oudere publicaties werden de mijten *Varroa jacobsoni* genoemd, maar tegenwoordig worden ze erkend als Varroa destructor (Anderson en Trueman, 2000). Britse honingbijen hadden oorspronkelijk niet de afweer tegen varroa, die *Apis cerana*, de Aziatische honingbij, had ontwikkeld om in evenwicht met de parasiet te bestaan.

Gedurende de eerste vijf jaar waren de verliezen aan volken in het hele Verenigd Koninkrijk groot, waardoor veel imkers stopten met bijenhouden. Imkers waren aanvankelijk ook erg terughoudend om chemische bestrijdingsmiddelen in hun volken te gebruiken en probeerden verschillende vreemde en soms wonderlijke methoden om de mijten te lijf te gaan. De hele situatie werd verergerd door de grootschalige teloorgang van onbeheerde/wilde volken, waardoor grote aantallen mijten in nabijgelegen volken van imkers terechtkwamen.

Op dat moment was de rol van virussen in de ineenstorting van de volken nog onbekend en dit veroorzaakte aanvankelijk verwarring onder imkers, aangezien sommige volken ondanks zware mijtbesmettingen gezond leken, terwijl anderen instortten ondanks een veel lagere besmetting.

Na de eerste periode van grote verliezen, begonnen imkers de zeer efficiënte bestrijdingsmiddelen zoals Apistan® (tau-fluvalinaat) en Bayvarol® (flumethrin) te gebruiken om de mijten te bestrijden. Varroa werd vervolgens resistent tegen deze stoffen. Deze resistentie werd voor het eerst ontdekt in 2001 en raakte later wijdverspreid. Dit leidde ertoe dat imkers overschakelden op andere producten op basis van chemicaliën zoals thymol, mierenzuur en oxaalzuur.

De meeste imkers behandelen momenteel één of twee keer per jaar, soms meerdere keren, met weinig of minimale monitoring van de mijtpopulaties. Er is echter veel veranderd in de meer dan 30 jaar sinds de komst van Varroa in het Verenigd Koninkrijk. Vrij levende wilde volken zijn weer toegenomen (Visick & Ratnieks, 2023), de herbesmetting met mijten is lager en we zien dat de overlevingskansen van onbehandelde volken gelijk zijn aan die van behandelde volken.

De pionier op het gebied van het selecteren van resistente volken in het Verenigd Koninkrijk was wijlen Ron Hoskins, oprichter van de Swindon honingbijen beschermingsgroep. Hij stopte in 1995 met het gebruik van bestrijdingsmiddelen en nadat hij eerst veel van zijn volken had verloren, startte hij een selectieprogramma met de volken die overbleven. Na jaren van verfijning richtte hij zich op de volgende kenmerken:

- Beschadigde mijten op de bodemplank, vermoedelijk gebeten door bijen en weggehaald.
- Cellen openen en broed trekken.

In alle andere opzichten was Rons bijenteelt conventioneel. Hij gebruikte " British National" bijenkasten (dit is een kast vergelijkbaar met de spaarkast), kunstraat, greep in met koninginnen, selecteerde op zachtaardigheid en oogstte honing. Hij was een imker die vooropliep in het begrip van resistentie en hij was daarmee zijn tijd ver vooruit.

Het grootste bekende gebied in het Verenigd Koninkrijk met varroaresistente bijen bevindt zich in het noordwesten van Wales. Ongeveer 100 imkers van de Lleyn & Eifionydd afdeling van de bijenhoudersvereniging hebben samen zo'n 500 varroaresistente volken verspreid over een gebied van 2500 km^2. Deze volken zijn al sinds 2009 niet meer behandeld (Hudson en Hudson, 2020). De imkers merkten dat er weer lang overlevende volken terugkeerden in bomen en in holtes in gebouwen. Uit deze volken schepten ze zwermen en vervolgens stopten ze met het bestrijden van de mijten. De wilde/verwilderde volken zijn waarschijnlijk de genetische bron van de varroaresistentie in dat gebied.

Figuur 2.1: Totaal aantal 499 volken in 467 kasten, 17 gebouwen en 15 bomen. 104 imkers.

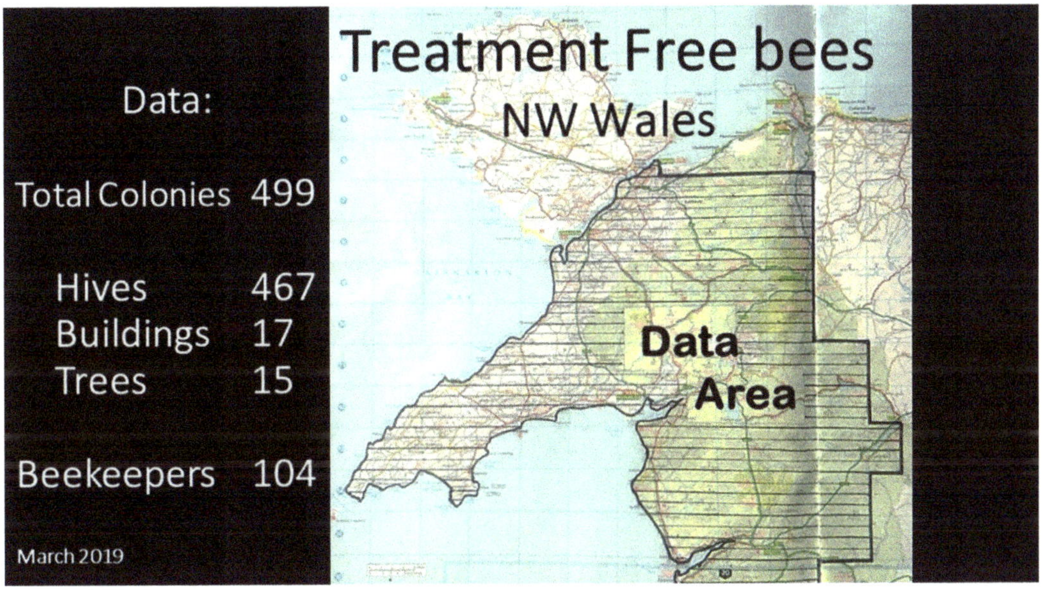

Kaart: © AA Media Ltd 2009. Alle rechten voorbehouden.

Naast deze volken in Wales zijn er ook verder in het Verenigd Koninkrijk varroaresistente populaties verschenen. Een onderzoek naar de varroabestrijdingsmethoden van Britse imkers (Valentine en Martin, 2023) omvatte reacties van 242 imkerverenigingen. Hieruit bleek dat naar schatting 1.800 imkers al minstens zes jaar niet meer hadden bestreden. Er was een brede geografische spreiding van niet-behandelende imkers in Engeland en Wales, maar merkwaardig genoeg niet in Schotland.

Varroaresistentie trad sneller op dan velen hadden voorspeld.

In bijenteeltkringen wordt vaak beweerd dat aanpassing, of de ontwikkeling van resistentie tegen varroa, een proces is dat buiten onze levensduur plaatsvindt. Dit is een veel voorkomende misvatting. De snelheid waarmee varroaresistentie bij honingbijen optreedt, hangt af van de natuurlijke selectiedruk.

In Zuid-Afrika en Cuba duurde het, nadat varroa was opgedoken, bijvoorbeeld ongeveer 5-8 jaar voordat varroaresistentie wijdverspreid was. Dit gebeurde nadat besloten was om niet te behandelen, maar er gingen wel veel volken verloren in het begin (Allsopp, 2006, Luis *et al.*, 2022). Om deze reden is er grote belangstelling voor volken uit langdurig onbeheerde volken in holtes in het Verenigd Koninkrijk en elders. De blootstelling van deze volken aan natuurlijke selectie stimuleert de ontwikkeling en de verspreiding van varroaresistentie in de lokale bijenpopulatie. Honingbijen vertonen al soortgelijk hygiënisch gedrag bij andere broedziekten en plagen. Denk hierbij aan het ontzegelen van werkstersbroed bij aanwezigheid van wasmotten, en het ontzegelen en verwijderen kalkbroedmummies en bij het zakbroedvirus. Voor een meer informatie over dit onderwerp raad ik aan: "Perspectives on hygienic behaviour in *Apis mellifera* and other social insects" van Spivak en Danka uit 2021 te lezen.

3
Varroamijt en virussen; Waarom ze volken overweldigen

Laten we beginnen met wat informatie over de biologie van de varroamijt. Dit zal helpen bij het begrijpen van latere hoofdstukken over het gedrag dat honingbijen inzetten tegen varroamijt.

Voortplanting van de varroamijt (in volken met een lage afweer tegen varroamijt).

De voortplantingscyclus van de mijt begint nadat de moedermijt zo'n 48 uur voordat de broedcel wordt afgesloten, deze binnengaat. Zodra de cel is verzegeld, bijt ze een gaatje in de larve waar zij en haar toekomstige nakomelingen zich kunnen voeden.

Het eerste ei wordt ongeveer 60 uur na het sluiten van de cel gelegd. Dit ei ontwikkelt zich altijd tot een mannetje wiens enige taak is om met zijn zussen te paren. Hij lijkt veel op een jongere versie van zijn zussen (zie figuur 3.1). De volgende eitjes worden vervolgens met tussenpozen van ongeveer 30 uur gelegd. Dit worden de dochtermijten. Zodra ze geslachtsrijp zijn, bevrucht het mannetje zijn zussen. De tijd voor een succesvolle paring is krap, vooral in werksterscellen waar de gesloten broedperiode maar 12 dagen duurt. Gemiddeld worden er in werkstercellen ongeveer 1,8 (Donze *et al.*, 1996) levensvatbare dochters geproduceerd. In het darrenbroed worden, vanwege de langere verpoppingsperiode (14 ten opzichte van 12 dagen), ongeveer 3 levensvatbare dochters per cyclus geproduceerd (Martin, 1998). In beide gevallen overleeft de moedermijt en verlaat zij de cel met haar volwassen dochters. Dit zijn de resultaten in mijtgevoelige volken, d.w.z. volken met een lage mijtweerstand. Resistente volken onderbreken dit proces.

Figuur 3.1: Een Varroamijtfamilie.

Bovenste rij van links naar rechts: volwassen moedermijt en dochters; deutochrysalis (en huid), deutonymf, protonymf.

Onderste rij van links naar rechts: volwassen mannetje, deutonymf, protonymf. De baksteenbruine moedermijt kan bijna 2 mm breed worden en de hele mijtfamilie is met behulp van een vergrootglas te zien op de varroalades.

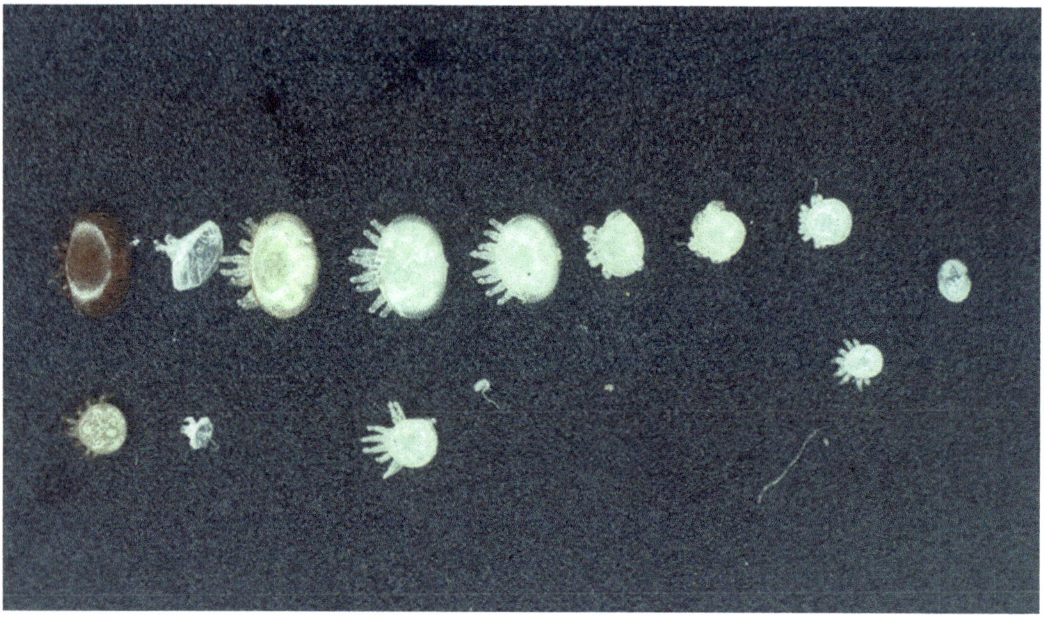

Foto: S. Martin

Bij *Apis mellifera* kan varroa zich zowel in werkster- als in darrenbroed voortplanten:

Bij *Apis cerana* (de Aziatische honingbij) plant varroa zich bijna uitsluitend voort in darrenbroed. De bijen verwijderen alle met mijten besmette werksterbroed. Bij *Apis cerana* is darrenbroed korter aanwezig dan bij onze bijen, wat de voortplantingsmogelijkheden voor varroa beperkt. Daarnaast sterven mijten vaker in darrencellen met meerdere mijten. Hierdoor ontstaat een natuurlijk evenwicht tussen gastheer en parasiet in het volk. Toen varroa naar het Verenigd Koninkrijk kwam, hadden onze honingbijen (*Apis mellifera*) echter weinig of geen afweer tegen de mijten die zich zowel in het darrenbroed als in het ruimer aanwezige werksterbroed voortplantten.

In de volken van de imkervereniging Westerham begint het leggen van werksterbroed na de winterbroedpauze in december. Dit is de eerste voortplantingskans voor overwinterende varroa. Als dit ononderbroken kan doorgaan, zullen mijten zich de daaropvolgende 11 maanden voortplanten in het werksterbroed (en in het korter beschikbare darrenbroed).

Figuur 3.2: Geeft de verhouding weer tussen het aantal werksters en het seizoensgebonden darrenbroed in een van de volken van de imkervereniging Westerham. De voortplantingsmogelijkheden voor varroa zijn voornamelijk in het werkstersbroed en dit is het belangrijkste strijdtoneel. De daling in het broed weerspiegelt de broedpauze na het afkomen van een zwerm.

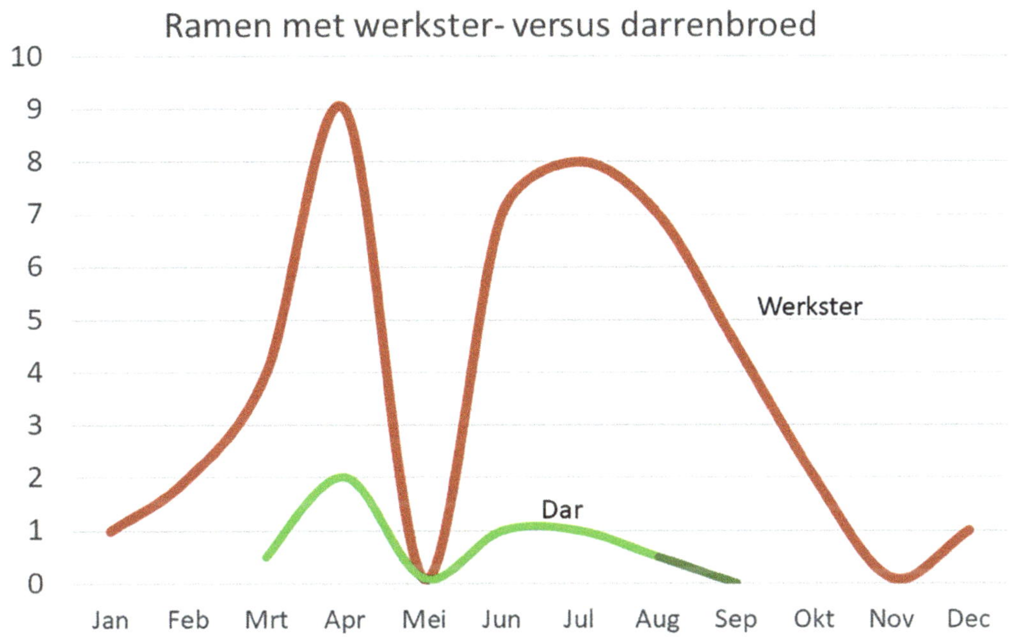

Grafiek: Steve Riley

Een moedermijt heeft een beperkte voortplantingscapaciteit:

De legcapaciteit van de moedermijt wordt geschat op 18 tot 24 eitjes, maar kan oplopen tot 30, afhankelijk van hoe goed ze bevrucht is. Er zijn 2 tot 3 voortplantingscycli (Rozenkranz *et al.*, 2010). Tijdens elke cyclus kan een moedermijt vier of vijf eitjes in het werksterbroed leggen, maar wel vijf of zes eitjes in het darrenbroed. Bij *Apis mellifera* worden veel van de eitjes in het werksterbroed echter geen volwassen dochters. Dit komt doordat varroa zich niet heeft ontwikkeld om zich voort te planten in werkstersbroed met een popstadium van 12 dagen tegenover 14 dagen in het *Apis cerana*-darrenbroed.

De moedermijt kan tot een jaar oud worden:

Het darrenbroed van *Apis cerana* in Azië, de oorspronkelijk voorplantingsplaats van varroa, is slechts ongeveer twee maanden per jaar aanwezig. Wanneer de mijten zich niet voortplanten, bevinden ze zich in de verspreidingsfase (aangeduid als phoretische fase) en leven op de bijen en voeden zich daar ook (Ramsey *et al.*, 2019). Dit verklaart hoe mijten ook kunnen overwinteren op onze bijen.

Virussen, honingbijen en varroa

Virussen zijn erg complex en kunnen voor de meeste imkers een ontoegankelijk geheel vormen. Zoals blijkt uit onderzoek in België, komen ze veel voor in onze volken, meer dan algemeen wordt aangenomen.

Figuur 3.3: Uit onderzoek onder 557 volken in België bleek dat alle volken het gekreukelde vleugelvirus, het zwarte koninginnencelvirus en het zakbroedvirus hadden (Matthijs et al. 2020):

Virus	% positieve volken in Vlaanderen	% positieve volken in Wallonië
Acuute bijenverlammings-virus	8,8	26,5
Zwart koninginnencelvirus	99,23	99,65
Chronisch bijenverlam-mingsvirus	29,23	30,27
Gekreukeld vleugelvirus - A	18,07	37,75
Gekreukeld vleugelvirus - B	100	100
Zakbroedvirus	97,67	96,26

Meestal komen deze virussen in geringe mate voor en worden ze door het immuunsysteem van de bijen bestreden.

Waar we ons zorgen over maken is de virulentie (d.w.z. de ernst van de ziektesymptomen bij de bijen), en niet zozeer de aanwezigheid van het virus. In het jargon van virologen is de zwaarte van de besmetting veel belangrijker dan hoe vaak het voorkomt, vooral als het gaat om het verkreukelde vleugelvirus.

Het verkreukelde vleugelvirus ("DWV")

DWV werd voor het eerst in 1982 ontdekt door Leslie Bailey en Brenda Ball van het Rothamsted onderzoekscentrum in het Verenigd Koninkrijk (Martin en Brettell, 2019), maar werd pas enkele jaren na de komst van varroa opgemerkt door imkers en wetenschappers.

Zonder varroa kan DWV van bij tot bij worden overgedragen via een reeks mechanismen:

- via trophallaxis (bijen die elkaar voeden)
- via voedsterbijen die larven voeden
- door het opruimen van met DWV geïnfecteerde larven en poppen
- van koningin naar eitjes
- via darrensperma naar onbevruchte koninginnen
- via stuifmeel

Via deze vele overdrachtsroutes, die al heel lang bestaan, kan het virus in een volk aanwezig zijn in zeer lage concentraties als een onmerkbare infectie. DWV werd aangepakt door het immuunsysteem van de bijen en imkers wisten er weinig van, of ze maakten zich er weinig zorgen over. Op plaatsen waar geen varroa aanwezig is, blijft het op een laag, asymptomatisch niveau, zoals bijvoorbeeld op het eiland Colonsay in Schotland (Evans, 2019).

De komst van varroa in *Apis mellifera*-volken verhoogde zowel het voorkomen van DWV en ook de ernst van de besmetting van het virus tot ernstige, ziekmakende niveaus. Onderzoeker Nadine Möckel ontdekte hoe het zat. Ze ontdekte dat het voeren van bescheiden hoeveelheden DWV aan poppen of volwassen bijen resulteerde in verborgen infecties (d.w.z. niet waarneembaar voor een imker). Het inspuiten van kleine hoeveelheden van het virus veroorzaakte echter openlijke infecties (Möckel *et al.*, 2011). Als we in gedachten het inspuiten van het virus vervangen door het bijten door varroa wanneer ze zich voeden op de larven en poppen in het gesloten broed, kunnen we begrijpen waarom bij een varroabesmetting de kleine virusdeeltjes snel toenemen in de zich ontwikkelende bij (Dainat, 2012).

De door varroa overgedragen DWV heeft de vooral invloed op de levensduur van de bijen. Werksters uit gesloten broed dat met DWV wordt besmet door zich voedende varroa, leven ongeveer twee derde korter. Als varroa zich alleen voedt op een volwassen bij, heeft de bij een lichte vermindering van de levensduur (Martin en Grindrod, 2020).

Dit heeft duidelijke gevolgen voor het overleven van volken tijdens de winter op het noordelijk halfrond, waar winterbijen 5-6 maanden moeten leven om het volk in het voorjaar te laten voortbestaan en floreren.

Figuur 3.4: Het verkreukelde vleugelvirus komt voor in alle volken, maar leidt slechts zelden tot verkreukelde vleugeltjes. De levensduur, het leervermogen en het geheugen van de bijen worden wel beïnvloed als er verder niet te zien lijkt te zijn aan de bij.

Foto: Met dank aan The Animal and Plant Health Agency (APHA), Crown Copyright

Er zijn vier typen DWV vastgesteld. Type C is zeldzaam en type D bestaat niet meer. Type A kwam veel voor in het Verenigd Koninkrijk, maar type B is daarvoor in de plaats gekomen en domineert nu (Kevill *et al.*, 2019). Wat betekent dit voor imkers?

Emeritus hoogleraar Stephen Martin vat het als volgt samen:

"DWV-B is beter overdraagbaar dan DWV-A. Dit komt omdat DWV-B, in tegenstelling tot DWV-A, zich kan vermenigvuldigen in de varroamijt. Beide stammen kunnen een volk doden, waarbij er aanwijzingen zijn dat DWV-B virulenter is, maar er is meer onderzoek nodig om dat beter te begrijpen." (www.varroaresistant.uk)

Hoe varroa vatbare volken overweldigt

Dit is een onderwerp waarover, ongewoon in de bijenhouderij, consensus bestaat. Het korte antwoord is dat hoge varroa-aantallen DWV tot klinisch pathogene niveaus kunnen verhogen. De besmetting met varroa in het werkstersbroed bereikt zijn hoogtepunt in de late zomer, net op het moment dat het broed voor de winterbijen wordt aangezet. Als voldoende werksters in hun popstadium besmet zijn met DWV, zal dit leiden tot het sterven van het volk tijdens de winter.

Figuur 3.5: Toont de ontwikkeling van broed en mijtbesmetting in een volk (dat niet heeft gezwermd) met een lage weerstand tegen mijten. Het grootste risico doet zich voor in de herfst, wanneer er te veel mijten op de winterbijen zitten.

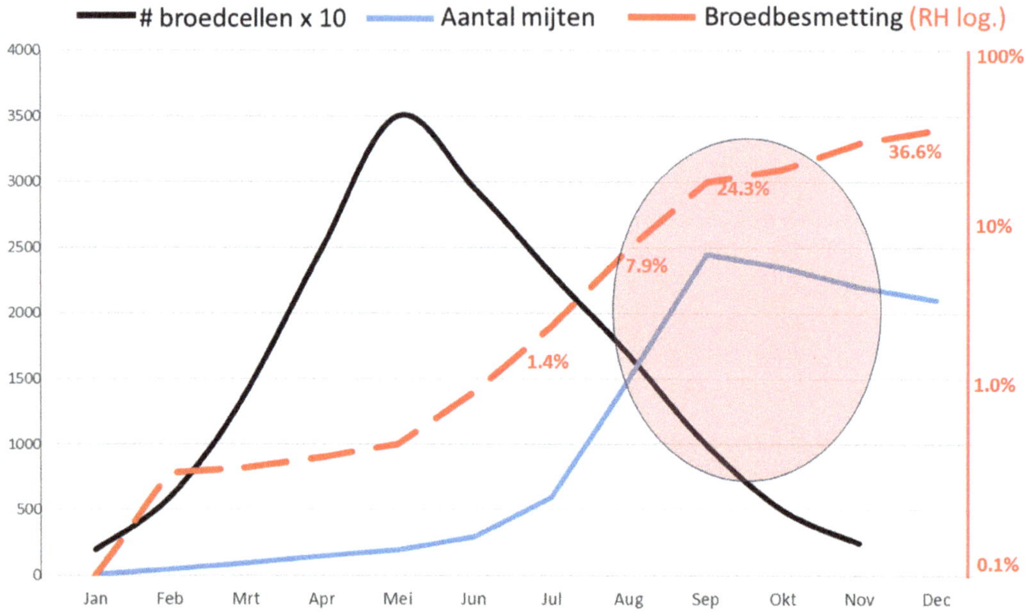

Credit: Nagetekende grafiek met dank aan en toestemming van Dr. Ralph Büchler

Het verdwijnen van het volk kan een verrassing zijn voor de imker. Tijdens de laatste herfstinspecties zag het volk er gezond uit en zat de kast vol met zomerbijen en recent uitgelopen winterbijen. Deze laatste hebben een hoog gehalte aan DWV, maar dat zien we vaak niet omdat het zelden tot uiting komt in de vleugels. De zomerbijen sterven in de daaropvolgende maanden op natuurlijke wijze af. De winterbijen, met hun door DWV verminderde levensduur, zijn tegen het einde van het jaar dood, waardoor een verzwakt volk achterblijft dat niet in staat is om warm te blijven in het koude winterweer.

Wij zijn erin geïnteresseerd te weten hoe natuurlijk resistente volken dit lot overleven. De mechanismen hiervoor worden in het volgende hoofdstuk besproken.

4

Hoe varroaresistente volken hun mijtpopulaties beheersen

Resistentie is het vermogen om niet door iets te worden beïnvloed, vooral niet op een negatieve manier.

Een deel van het probleem van de imker was de onduidelijke definitie voor varroaresistentie. Deze term wordt ook door elkaar gebruikt met varroatolerantie. Het is een vage term die zeer wenselijk klinkt, maar buiten bereik lijkt. We moesten de manieren begrijpen waarop het werkt. De duisternis van de bijenkasten herbergt vele geheimen van de honingbij voor de imker. We zijn daarom wetenschappers dankbaar die in hun onderzoek naar natuurlijk overlevende volken het hygiënische gedrag van bijen tegen varroa lieten zien. Het goede nieuws is dat het moeilijke deel door de bijen zelf wordt gedaan en dat de resistentie-eigenschappen meestal gemakkelijk te zien zijn voor de imkers.

De sleutel tot varroaresistentie is het vermogen van de bijen om de groei van de mijtpopulatie gedurende het actieve seizoen te beperken. We nemen ook virustolerantie op in onze bredere definitie, die aan het einde van dit hoofdstuk wordt besproken. We dachten vroeger dat wederzijds poetsen en het doodbijten van mijten van belang waren. Na veel onderzoek kwamen we tot de pijnlijke conclusie dat er geen sterke correlatie was met de bestrijding van varroa door bijen – meer hierover in hoofdstuk 14, Geleerde lessen!

Bijen beperken de groei van het aantal mijten en daarmee ook de verspreiding van het virus. Dit doen ze door de voortplanting van de mijten te verstoren door het opsporen en verwijderen van door mijten aangetast werkstersbroed. Dit gebeurt in drie fasen:

1) Het zoeken naar varroafamilies en geparasiteerde poppen.

2) Het verwijderen van geparasiteerde poppen wat voortplanting van varroa voorkomt.

3) Het opnieuw verzegelen van broedcellen met gezonde poppen (recapping).

Deze fasen worden hieronder nader besproken.

1) Het zoeken naar varroafamilies en geparasiteerde poppen

Patrouillerende voedsterbijen controleren de temperatuur, vochtigheid en luchtkwaliteit in de cel door het micro-poreuze oppervlak van broedcellen met hun antennes aan te raken. Als u een video maakt van het broedgebied in uw volken, kunt u dit zien gebeuren. Er zitten duizenden zenuwreceptoren voor reuk op elke antenne, waarmee bijen gezond van ongezond broed kunnen onderscheiden. Onderzoek heeft al aangetoond dat honingbijen sporen van Amerikaans vuilbroed onder de celdeksels kunnen opsporen (Rothenbuhler, 1964). Als imkers zien we ook cellen die open zijn gemaakt vanwege kalkbroed (Gilliam *et al.*, 1983), zakbroed en wasmotlarven (Villegas & Villa, 2006). Het herkennen van problemen onder een celdeksel is geen nieuw hygiënisch gedrag voor honingbijen, maar het is nu ook aangepast om varroa te vinden.

Werk van de groep van professor Marla Spivak (Spivak *et al.*, 2003) bracht de rol van verschillende werksters in de broedhygiëne in beeld en ook de veranderingen in de hersenchemie van gespecialiseerde speurende werksters. De honingbijen beschikken dus al over een speurmechanisme, maar hadden alleen tijd nodig zich aan te passen om de unieke geur van door mijten aangetaste poppen te herkennen als probleem.

De eerste fase van het openen van de cel bestaat erin dat de bijen een gaatje ter grootte van een speldenprik in het celdeksel maken, zodat ze de inhoud verder kunnen onderzoeken. Andere bijen zijn betrokken bij het openen en vergroten van het gat in het celdeksel, en het vervolgens verwijderen van de pop. Door een volk in een observatiebijenkast te bestuderen, hebben onderzoekers vastgesteld dat de gemiddelde leeftijd van de speur-, ontzegel- en opruimbijen 11,13 ±3,7 dagen is, met een spreiding van 6 tot 18 dagen (Mondet *et al.*, 2015). Er is verder onderzoek nodig om te bevestigen dat dit gedrag, net als andere taken in het bijenvolk, afhangt van leeftijd en ontwikkeling van de bij, het zogeheten polyethisme.

Het onderzoek van Fanny Mondet en haar team (Mondet *et al.*, 2021) identificeerde 5 chemische signalen die uniek zijn voor broedcellen die zijn aangetast door varroa, die een hygiënische reactie uitlokken. De reactie was in dit geval het openen van de cel om deze verder te onderzoeken. Deze verbindingen verspreiden zich door het celdeksel en worden herkend in de antennelobben van de bijen. Resistente bijen herkennen de geuren van varroa en geparasiteerd broed, terwijl varroa-naïeve of vatbare bijen dit niet in dezelfde mate kunnen.

Figuur 4.1: Onderzoek heeft chemische signalen geïdentificeerd die leiden tot het openen van de celdeksels.

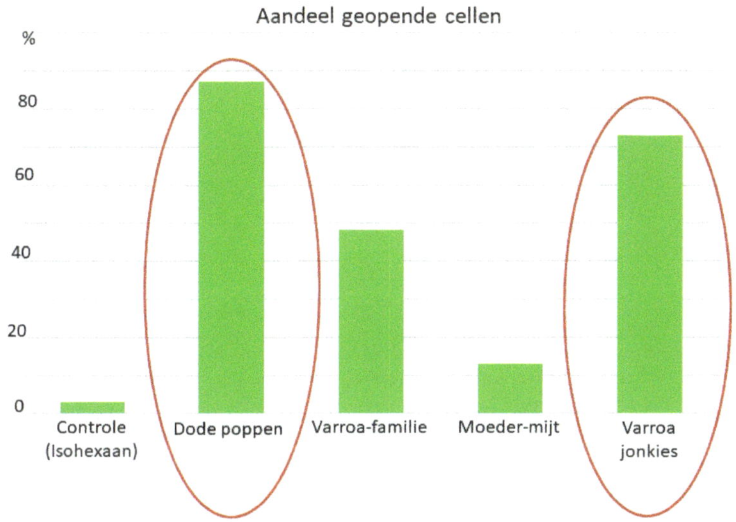

Grafiek: Nagetekend met dank aan Mondet et al., 2021: Chemische detectie zorg dat de bijen actie ondernemen tegen de parasieten.

Het is misschien niet verrassend dat de geur van dode of geparasiteerde poppen leidt tot het openen van meer dan 80% van de cellen, maar we weten dat varroa zelden de poppen doodt. De echt interessante ontdekking was dat bijen de geur van varroanakomelingen in een broedcel konden herkennen, wat leidde tot het openen van meer dan 70% van de cellen. Ook opmerkelijk was dat dit niet gebeurde als in de cel de geur van een enkele (niet-reproductieve) moedermijt zat, die vermoedelijk onvruchtbaar was. Dit is een veelvoorkomend kenmerk bij varroaresistente volken.

Imkers kunnen gemakkelijk die volledig geopende cellen zien, met een kleine lip rond de rand, van was die vermoedelijk wordt bewaard voor hergebruik.

Figuur 4.2: Ontzegelen in het stadium van roze tot paarse ogen (komt vaak in groepen voor)

Foto: Steve Riley

De foto hierboven is een typisch voorbeeld van een groep van geopende cellen die te zien is in varroaresistente volken, in dit geval een volk van de Westerhamimkers. Het is een groepje in tegenstelling tot een rechte lijn, die meestal door de wasmot wordt veroorzaakt. In het groepje zal een klein aantal cellen met varroa aanwezig zijn, maar niet alle cellen zullen besmet zijn. De geuren die door het celdeksel komen, worden door de bewegingen van de bijen verspreid. Hierdoor kunnen de bijen minder nauwkeurig kunnen bepalen welke cellen ze moeten openen (Grindrod en Martin, 2021). Dit veroorzaakt de groepjes ontzegelde cellen.

Figuur 4.3: Bijen die de celdeksels verwijderen vanwege wasmotlarven laten een rechte lijn achter. Dit in tegenstelling tot groepjes van geopende cellen wanneer ze op zoek zijn naar varroa.

Afbeelding met dank aan The Animal and Plant Health Agency (APHA), Crown Copyright.

2) Trekken van besmet broed om de voortplanting van varroa te voorkomen

Het trekken van besmet broed gebeurt in het stadium waarin de poppen roze tot paarse ogen hebben.

In figuur 4.4 ziet u bijen die een pop uit een van de volken van de auteur uitknagen (dat is broedtrekken). Soms heb je het geluk dat je een telefoon met camera bij de hand hebt. Tijdens de video, waaruit deze foto is genomen, waren tot vier verschillende werksters te zien die de pop uitknaagden.

Figuur 4.4: Bijen die gezamenlijk een pop wegknagen.

Foto: Steve Riley.

Het is vermeldenswaardig dat hygiënische volken, met deze eigenschap om besmet broed te trekken, vaak lege cellen in het broednest hebben, zichtbaar in figuur 4.4. Wij vinden dit een goede zaak en beschouwen het als normaal voor een varroaresistent broedpatroon. Raten met een bijna volledige broedplaten zonder missers zijn waarschijnlijk het resultaat van bijen zonder of met een lage afweer tegen mijten – wij beschouwen die volken als varroakwekers!

Hoewel het trekken van besmet broed het verkreukelde vleugelvirus (DWV) kan overbrengen, is dit niet erg want het virus wordt dan aangepakt door het normale immuunsysteem van de bij. Dit in tegenstelling tot het besmetten van het virus in het larvale of popstadium, waar de schade ontstaat. Het verwijderen van een pop uit een volk vol met DWV vermindert de virusbelasting (een beetje), met als belangrijkste voordeel de vermindering van toekomstige mijten die het DWV kunnen overbrengen.

De timing van het onderbreken van de voortplantingscyclus van de mijt is cruciaal.

Om te zien waarom het broedtrekken de voortplanting van de mijten onderbreekt, moeten we kijken naar de voortplantingsstadia van varroa in het werksterbroed. Zoals eerder besproken, zijn de beste kansen voor varroa in het werksterbroed - dat is het slagveld.

Figuur 4.5: illustreert de momenten waarop de bijen de voortplanting van de mijten stoppen.

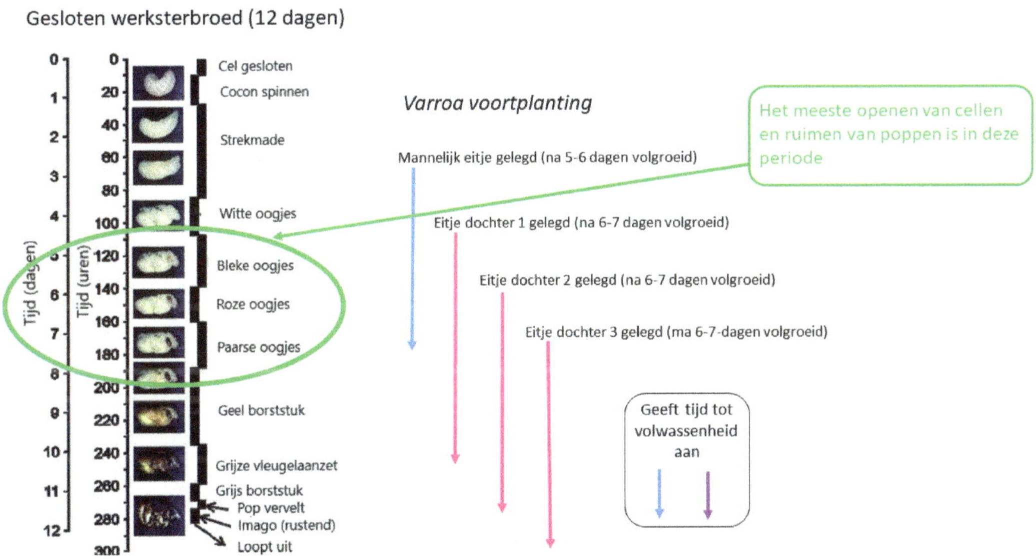

Grafiek: Steve Riley. Afbeelding: S. Camazine (Human et al., 2013).

In figuur 4.5 is de moedermijt al de cel binnengedrongen en heeft zich verstopt in het voedersap voordat de cel wordt verzegeld. Na het verzegelen bijt ze een gat de huid van de larf zodat zij en later haar jongen zich kunnen voeden. Haar oögenese (eicelvorming) wordt in gang gezet door chemische signalen van de bijenlarve of door stoffen die de mijt binnenkrijgt als ze eet van de larve.

Na ongeveer 60-70 uur wordt het eerste ei gelegd. Dit ei is bestemd om een mannetje te worden. Na dit ei volgen 4-5 vrouwelijke eitjes met tussenpozen van ongeveer 30 uur. Deze eitjes ontwikkelen zich via verschillende juveniele stadia (larve, protonymf en deutonymf) en bereiken hun volwassenheid na 5-6 dagen voor de zoon en na 6-7 dagen voor de dochters (Donze en Guerin, 1994: Rehm en Ritter, 1989).

Zodra hij geslachtsrijp is, paart het mannetje met zijn geslachtsrijpe zussen. Dit begint rond de tiende van de twaalf dagen dat het werksterbroed is gesloten, dus vrijwel aan het einde van het verpoppingsproces en vlak voordat de volwassen bij tevoorschijn komt. Paren is de enige taak van het mannetje, en hij sterft samen met alle dochters die niet volwassen zijn als de bij uitloopt.

Op de 12e dag, wanneer de volwassen bij tevoorschijn komt, verlaten gemiddeld ongeveer 1,8 succesvol bevruchte dochters, plus de moedermijt, de cel. Dit is het verwachte resultaat voor **bijen die niet resistent zijn tegen varroa**. Dit resulteert in een aanzienlijke groei van het aantal mijten gedurende het seizoen.

Resistente bijen hebben geleerd om varroanakomelingen/ geparasiteerde poppen te herkennen en te verwijderen. Hierdoor wordt de voortplanting van de mijten onderbroken. Het ontzegelen van de cel en het trekken van het besmette broed vindt plaats als de pop rose tot paarse ogen heeft. Dat is voordat de varroazonen en -dochters ver genoeg ontwikkeld zijn om te paren (zie figuur 4.5). **Het onderbreken van de voortplanting van mijten door de bijen is de sleutel tot varroaresistentie.** Het voorkomt zowel de huidige voortplanting van mijten als de toekomstige voortplanting omdat er ook een hele groep ontstaat van slecht bevruchte of onvruchtbare vrouwelijke mijten.

Onvruchtbare mijten:

Een gevolg van de verstoring van de voortplantingscyclus van de varroa door de bijen is dat het aantal onvruchtbare moedermijten in het volk flink toeneemt. Dit komt door twee belangrijke factoren:

1. Mijten die hun eilegcapaciteit uitputten door de onderbroken voortplanting. Ze kunnen ontsnappen wanneer bijen de pop uitknagen, maar er is een kans tot voorplanten gemist. Als er

broed in het bijenvolk aanwezig is planten mijten zich slechts 2 tot 3 keer voort gedurende 2-3 maanden van hun leven.

2. Onbevruchte of gedeeltelijk bevruchte dochters, die wel voldoende volwassen waren om de cel te verlaten.

Varroaresistente volken hebben gemiddeld minstens twee keer zoveel onvruchtbare vrouwelijke mijten (Grindrod en Martin, 2021). Dit is positief voor de bestrijding van de mijten en het overleven van het volk.

Figuur 4.6: In varroaresistente volken wordt een hoog percentage onvruchtbare moedermijten aangetroffen omdat bijen hun voortplantingsproces onderbreken.

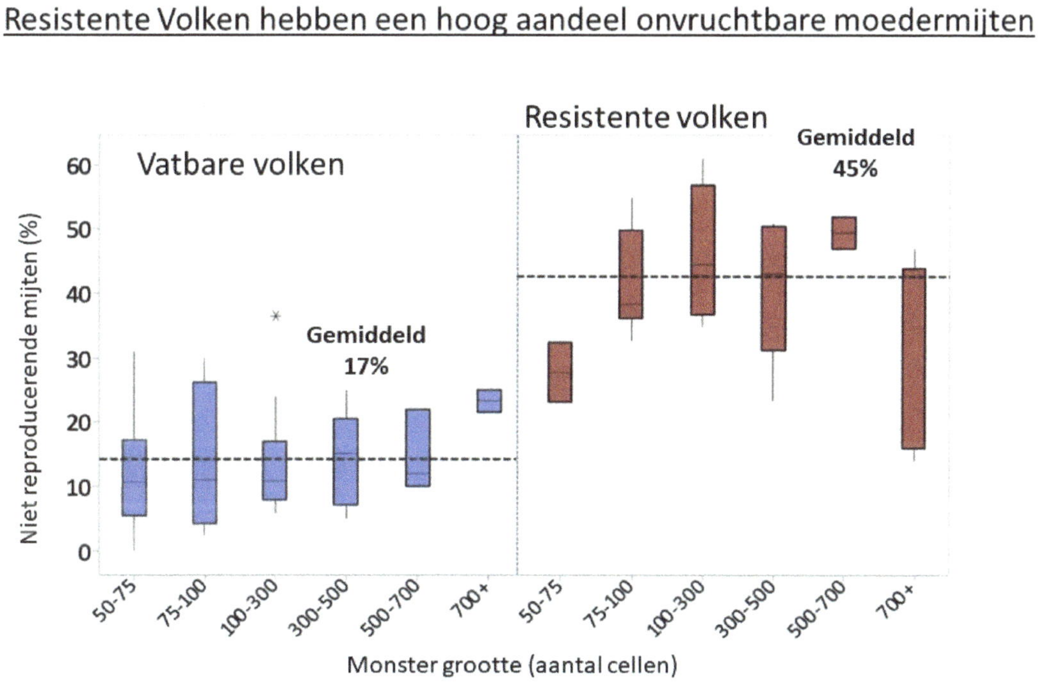

Grafiek: Grindrod and Martin, 2021.

3) Broedcellen met gezonde poppen opnieuw sluiten (recapping)

De bijen die de cellen opnieuw verzegelen, vormen een aparte groep. Dat is hun taak. Ze hebben waarschijnlijk een minder gevoelig reukvermogen dan de bijen die de cellen inspecteren en openen (Gramacho en Spivak, 2003). Bijen die de cellen opnieuw afsluiten, vinden een cel die open en onbeheerd is en sluiten deze opnieuw af als de pop in leven is, zelfs als deze besmet is met mijten. Opnieuw afgesloten gezonde poppen ontwikkelen zich normaal verder, zolang de juiste vochtigheid en temperatuur in het volk heersen (Ellis, 2010 en Crailsheim, 2013). We hebben dit laatste als imkers zelf nog niet kunnen bewijzen. Maar we zien wel dat volken die de eigenschap van openen/opnieuw sluiten vertonen gedurende het seizoen sterk broeden en foerageren. Ze profiteren van een lagere varroabesmetting (en dus ook van minder door mijten overgedragen virussen).

Figuur 4.7: Opnieuw verzegelde cellen. In het midden van de celdeksels is aan het donkere deel te zien dat ze opnieuw zijn verzegeld. Het is soms erg moeilijk om de nieuwe verzegeling te zien in een volk.

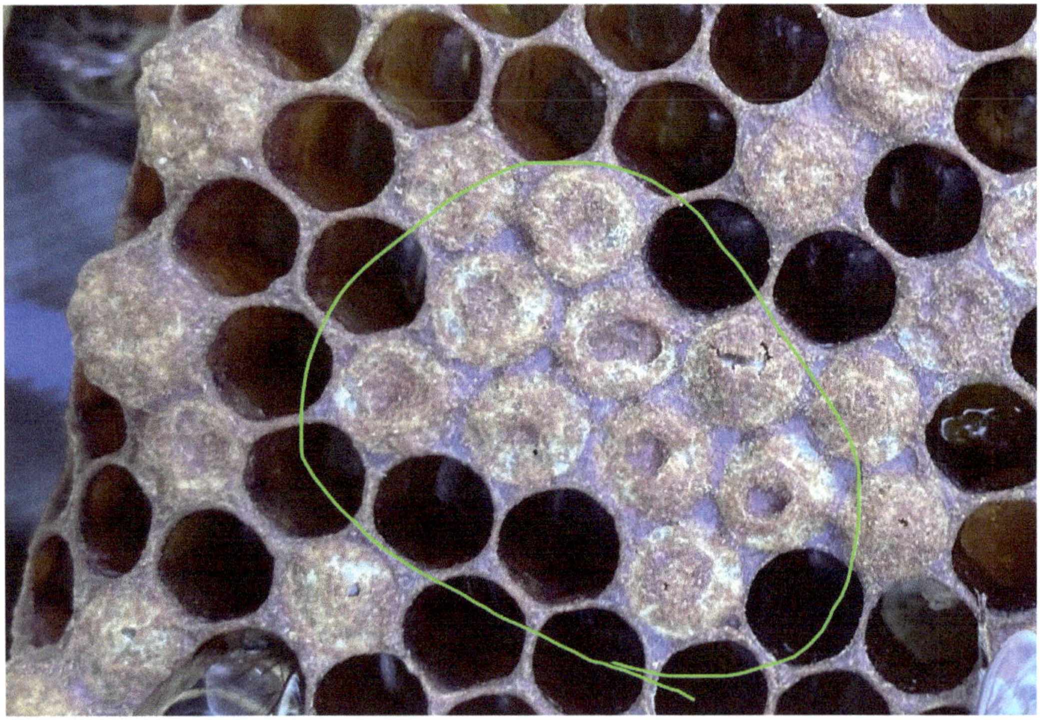

Foto: Steve Riley.

Speur- en ontzegelbijen die merken dat er nog steeds een probleem is in de opnieuw verzegelde cel, kunnen dezelfde cel opnieuw openen! Dit is een weerspiegeling van hun reukvermogen en de verschillende rollen van de bijen. Dr. Ralph Büchler observeerde in een observatiekast eens dat één cel 17 keer werd geopend en opnieuw verzegeld. Tot voor kort hadden imkers geen idee dat dit gebeurde, zoals wordt aangetoond in hoofdstuk 6.

Sommige onderzoekers richten zich op het aantal opnieuw verzegelde cellen in een volk als maatstaf voor varroaresistentie. Ze openen het celdekseltje, klappen het om en onderzoeken de onderkant van de cel. De onderkant van het celdekseltje is glanzend door het spinsel van de larve in de cocon die is aangebracht kort nadat de cel is gesloten. Een donkere vlek in het midden laat zien waar de cel is geopend en opnieuw gesloten.

Figuur 4.8: Een cel die is geopend om te controleren op recapping en een vergroting van de (10x) donkere onderkant van het celdeksel die laat zien waar de bijen het opnieuw hebben verzegeld.

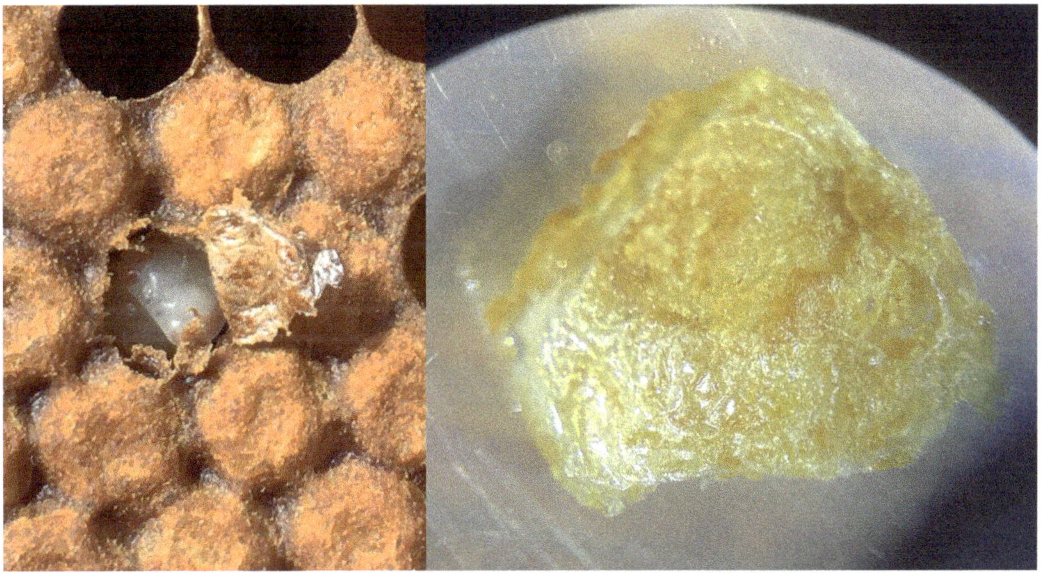

Foto: Dr. T. Rudd. Foto: Steve Riley.

Onze conclusie was dat we collega-imkers niet zouden kunnen overtuigen om hier tijd aan te besteden en om waarschijnlijk hele ramen broed op te offeren voor onderzoek. Dus hebben we onszelf getraind om te zoeken naar tekenen van recapping. Als je er eenmaal oog voor hebt, is het niet zo moeilijk. Meer over deze aanpak in het volgende hoofdstuk.

We gebruiken recapping niet om hygiënisch gedrag tegen varroa te onderzoeken. Geopende cellen zijn voldoende; ze zijn gemakkelijk te zien, te tellen en een signaal dat de voortplanting van varroa wordt onderbroken. Dit is waarschijnlijk het tegenovergestelde van de redenering van professionele onderzoekers, die niet regelmatig dezelfde volken observeren en een wetenschappelijk resultaat nodig hebben (bijvoorbeeld een percentage). Om af te sluiten halen we een onderzoek aan van Martin *et al.* (2020 zie figuur 4.9), waarin de mate van recapping van werkstersbroed in varroaresistente bijenvolken wordt vergeleken met die bij varroagevoelige bijen, d.w.z. bijen met een lage afweer tegen mijten en volken van plaatsen waar geen varroa voorkomt, bijvoorbeeld op het eiland Man. Er zijn 3 punten die opvallen:

1) Recapping (d.w.z. het open en weer sluiten) is een duidelijk kenmerk van varroaresistente volken in Engeland en elders in Europa, Zuid-Afrika, Brazilië en zelfs op het eiland Cuba, waar alle 220.000 volken van de Europese honingbij (*Apis mellifera*) niet worden behandeld tegen mijten.

2) Het niveau van recapping in varroagevoelige populaties is aanzienlijk lager, maar het is wel een hygiënische eigenschap die bijen gebruiken (alleen niet voldoende om varroa te bestrijden).

3) De hogere rode balken geven het recapping weer bij een met varroa besmette cel en de gele balken bij een niet-besmette cel. Dit toont aan dat bijen hebben geleerd om de cellen met mijten te vinden, hoewel ze, zoals eerder besproken, soms de verkeerde cel uitkiezen om te openen.

Is het niet opmerkelijk? Recapping is een sterk kenmerk van varroaresistente volken onder *Apis mellifera*-bijen op verschillende continenten en eilanden, ongeacht de honingbijensoort of omgeving, van de tropen tot Noord-Europa.

Figuur 4.9: Het niveau van recapping van werkstersbroed in varroaresistente volken is consistent hoog voor *Apis mellifera*-honingbijen op verschillende continenten.

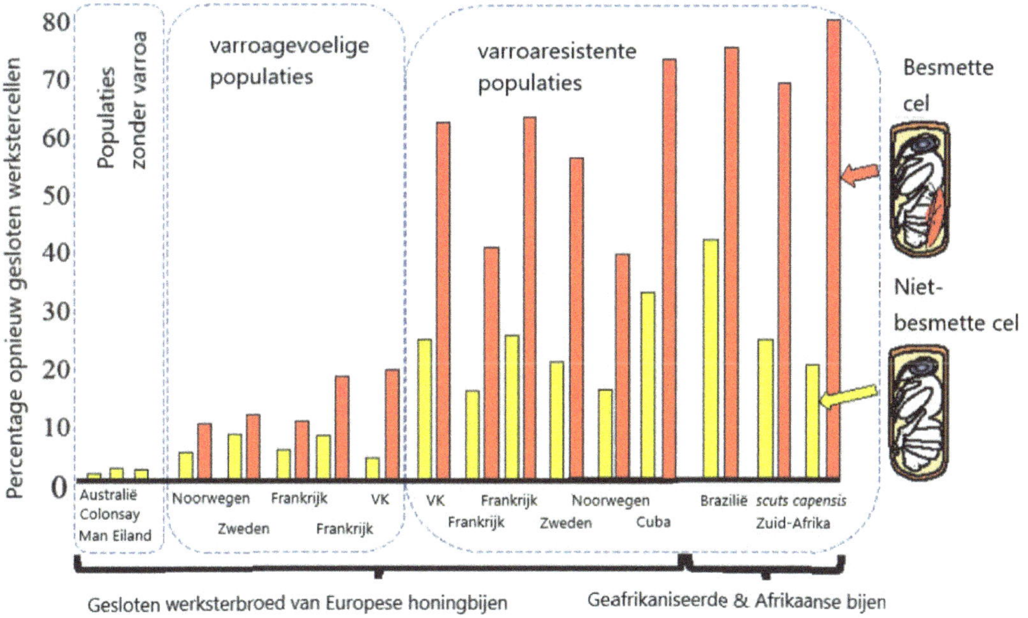

De voortplanting van Varroa destructor en recapping in resistente *Apis mellifera*-populaties - Martin *et al.*, 2020. De Europese gegevens zijn afkomstig van Oddie *et al.*, 2018, de Cubaanse gegevens van Luis *et al.*, 2022, terwijl de gegevens over Australazië, Colonsay, geafrikaniseerde bijen en uit Afrika afkomstig zijn uit de studie van Martin *et al.*, 2020. "scuts" = *A. m. scutellata; capensis = A. m. capensis*

Samenvatting van hoe resistente honingbijen hun varroapopulatie onder controle houden

De onderbreking van de voortplanting van mijten door de bijen beperkt de groei van de varroa-populatie. Met minder mijten om het virus te verspreiden, wordt DWV op een asymptomatisch niveau gehouden. Een grote groep onvruchtbare moedermijten ontstaat doordat hun vruchtbaarheid door deze onderbrekingen wordt uitgeput.

Figuur 4.10: Het diagram illustreert hoe varroa en DWV snel kunnen toenemen in bijenvolken zonder of met een lage afweer, in vergelijking met het onder controle houden van de mijtpopulatie door bijen in resistente volken met een hoge afweer tegen varroa.

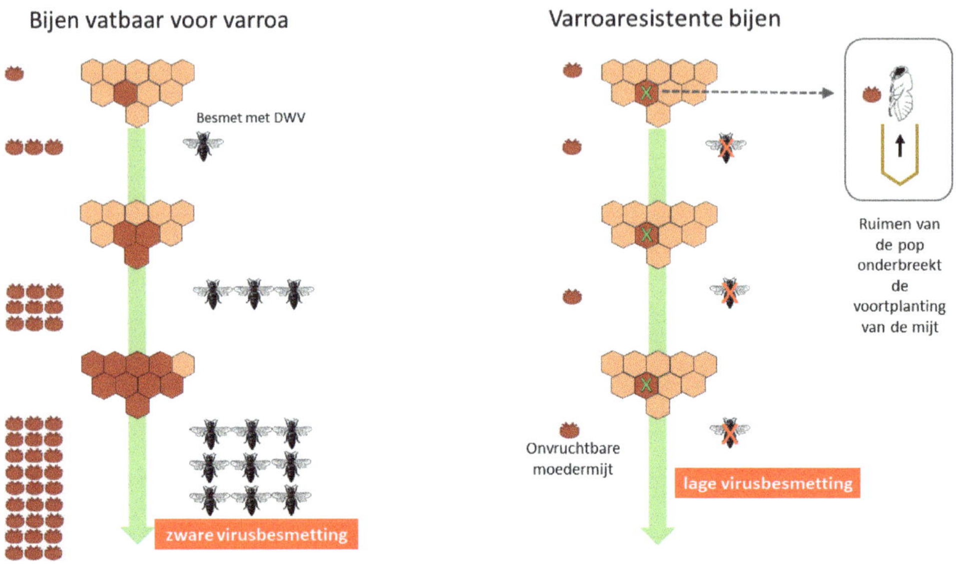

Ter illustratie wordt ervan uitgegaan dat 2 dochtermijten per broedcel nieuwe moedermijten worden bij de varroagevoelige bijen. Dit past binnen de schattingen van 1,8 in werksterscellen en 3 voor darrencellen.

Schema nagetekend met toestemming van en met dank aan Stephen Martin en zijn team.

Volken die gevoelig zijn voor mijten en geen of weinig afweer hebben tegen varroa, zorgen voor een snelle groei van het aantal mijten en daarmee van de virusniveaus die de levensduur van de bijen verkorten.

Virustolerantie bij varroaresistente bijen

We weten dat een laag aantal mijten resulteert in lage DWV-niveaus in een volk. Wat niet bekend was, was dat er ook virustolerantie voorkomt bij varroaresistente bijen.

Onderzoek onder leiding van Barbara Locke en haar team aan de Zweedse Universiteit voor Landbouwwetenschappen heeft aangetoond dat er, in vergelijking met andere (behandelde) bijen op hetzelfde eiland, een mate van virustolerantie bestaat bij de bijen op Gotland die al langer resistent zijn tegen varroa. De bijen werden getest met dezelfde dosering van het verkreukelde vleugelvirus (DWV) en het acute bijenverlammingsvirus (ABPV), met als uitkomst dat de resistente bijen langer leefden.

Het onderzoek werd uitgebreid naar andere goed gedocumenteerde varroaresistente populaties in Noorwegen, Nederland en Frankrijk (Locke *et al.*, 2021). In alle gevallen toonden de resultaten aan dat volwassen bijen uit natuurlijk resistente volken:

....*veel toleranter zijn voor orale DWV- of ABPV-infecties dan bijen uit gewone varroa-gevoelige controlepopulaties.*

Virustolerantie is een onderwerp dat verder onderzoek vereist om de mechanismen die hierbij een rol spelen te begrijpen. Het is onwaarschijnlijk dat imkers hierop als eigenschap kunnen selecteren, maar het is nuttig om te weten dat resistente bijen een robuustheid tegen virussen hebben.

5

Waarom het selecteren op varroaresistentie-eigenschappen belangrijk is

De huidige bijenteeltpraktijken zorgen voor een doorlopende verstoring van het evenwicht tussen honingbijen en varroa. Sinds varroa in het Verenigd Koninkrijk is opgedoken, vertrouwen imkers op verschillende chemische bestrijdingsmiddelen en biotechnische ingrepen om hun volken in leven te houden. Dat was essentieel toen varroa voor het eerst opdook, omdat honingbijen weinig weerstand hadden tegen mijten en imkers geen andere aanpak hadden om hun volken te laten overleven.

De imkercursussen blijven zich richten op manieren waarop de imker het aantal varroamijten kan verminderen. Er zijn talloze pagina's in boeken, vakbladen, op het internet en op fora gewijd aan de vraag hoe en wanneer mijtbestrijding moet worden toegepast. Na meer dan 30 jaar zijn deze methoden voor het beperken van varroa geïnstitutionaliseerd in de bijenteelt en staan ze bekend als geïntegreerde plaagbestrijding.

Nu we zien hoe honingbijen zowel in het Verenigd Koninkrijk als in het buitenland omgaan met varroa, rijst de vraag:

hebben onze goede bedoelingen in het verleden onbedoelde gevolgen gehad?

In de reguliere bijenteelt wordt momenteel vrijwel geen aandacht besteed aan het selecteren op varroaresistentie. Als gevolg daarvan raakt de relatie tussen honingbijen en varroa steeds verder uit balans. Door het bestrijden nemen imkers onbewust de natuurlijke selectiedruk op het met mijten om kunnen gaan, weg bij hun bijen. Het resultaat is een continue cyclus van het telen van bijen die vatbaar zijn voor varroa (figuur 5.1a).

Deze bijen hebben een lage weerstand tegen mijten en moeten worden behandeld of er moeten andere methoden worden toegepast om de mijten te bestrijden en de volken in leven te houden – vaak meerdere keren per seizoen.

Er zijn altijd varroamijten die deze behandelingen overleven en vervolgens mee overwinteren in het volk. Deze overlevende mijten vormen de ouders van nieuwe mijten in het volgende seizoen. Ze zijn sterk en veerkrachtig.

Onbedoeld selecteren imkers ook op sterke en veerkrachtige mijten, waarvan sommige resistent zijn geworden tegen chemische middelen. Overmatig of onjuist gebruik van bestrijdingsmiddelen leidde in 2001-2002 tot resistentieproblemen bij pyrethroïden zoals Apistan® en Bayvarol® en meer recentelijk ook tegen Apivar®, met als het actieve ingrediënt amitraz. Op bijenteeltfora worden meerdere toepassingen van oxaalzuur of combinaties met andere bestrijdingsmiddelen als behandelingen gedurende het seizoen aanbevolen. In de jaren negentig was één dosis Apistan® of Bayvarol® aan het einde van de zomer voldoende. Nu zijn er meerdere behandelingen nodig om veerkrachtige mijten te doden en gevoelige bijen in leven te houden.

Imkers houden het varroa-probleem in stand door niet te selecteren op varroaresistente honingbijen en door de selectiedruk op de mijten om resistent te worden juist te vergroten.

Figuur 5.1a: De huidige cyclus van de bijenteelt houdt de gevoeligheid van bijen voor varroa in stand.

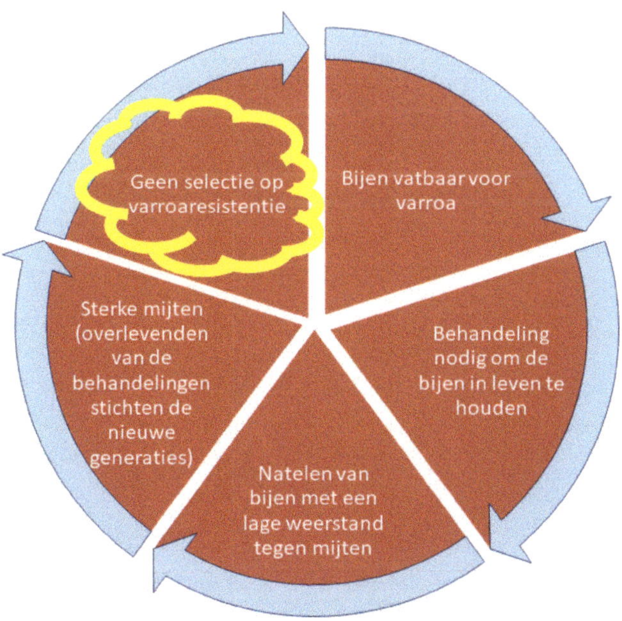

Grafiek: Steve Riley

Selectie op varroaresistentie stabiliseert de relatie tussen honingbijen en mijten.

De hele cyclus verandert wanneer de imker varroaresistentie in het selectieproces introduceert (figuur 5.1b). Na een selectieperiode zijn er geen behandelingen meer nodig. Door het maken van afleggers, het verdelen van reservekoninginnen en het rondvliegen van darren verspreiden de resistentie-eigenschappen zich in de lokale omgeving.

Voor de imker levert dit een grote besparing op in tijd en geld, omdat het bestrijden van de mijten overbodig wordt. Er is ook meer flexibiliteit in het moment waarop de honing kan worden geoogst.

Als ons klimaat blijft opwarmen, kunnen we verwachten dat het verzorgen van broed en de voortplanting van mijten langer in het jaar zullen doorgaan. Resistentie-eigenschappen zijn een verzekering tegen mijtgroei ook later in het seizoen.

Figuur 5.1b: Selecteren op varroaresistentie betekent het vinden van bijen met afweer tegen mijten die de mijten onder controle houden. Deze bijen hebben geen bestrijding nodig om in leven te blijven.

Resistente bijen beperken de vrije voortplanting van de mijten in het werkstersbroed. Hierdoor ontstaan lagere mijt- en virusniveaus en komt er een evenwicht tussen gastheer en parasiet. De eigenschappen van de bijen verspreiden zich lokaal en worden in de omgeving ingebed.

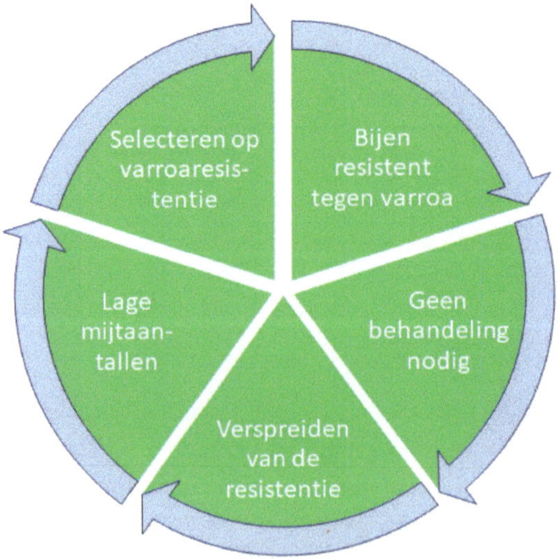

Grafiek: Steve Riley

6

Onderzoek naar varroaresistentie door de imkers van Westerham

Het project van de imkers van Westerham ging in 2017 van start. Ze waren geïnspireerd door berichten over honingbijen die varroamijt overleefden in het Verenigd Koninkrijk en verschillende delen van de wereld. Er waren imkers in het Verenigd Koninkrijk die al jarenlang geen behandeling meer hadden toegepast, maar hoe de bijen de mijtpopulaties onder controle weten te houden, werd nog niet volledig begrepen.

In het dichtbevolkte zuidoosten van Engeland was er weinig voordeel te behalen uit een eventuele grote populatie overlevende resistente wilde of onbeheerde volken, waar varroaresistentie zich had ontwikkeld door natuurlijke selectie. Er waren er te weinig van. We moesten daarom komen met een wetenschappelijke onderbouwing van onze aanpak en lazen veel van de vrij toegankelijke wetenschappelijke publicaties over natuurlijk resistente volken. Zo vonden we informatie over het varroaresistentieproject dat werd uitgevoerd door het Amerikaanse ministerie van Landbouw (USDA), waaronder vroeg onderzoek naar het openen van cellen en onderdrukken van de voortplanting van mijten (Harbo en Harris, 2005). We hadden ook Dr. Ralph Büchler ontmoet op de Gormanston- bijenteeltzomercursus in Ierland in juli 2017. Hij zou een belangrijke rol spelen in de beginjaren van ons project.

We hebben veel energie gestoken in het onderzoeken van onze volken om ons inzicht te vergroten en kennisuitwisseling op lokaal niveau te bevorderen. Er was een initiële investering in tijd van de imkers om resistentie-eigenschappen te onderzoeken. We verdienden dit terug met de besparing van tijd en geld door geen behandelingen tegen de mijten meer toe te passen.

Het volgende gedeelte van dit boek is het resultaat van een evoluerend onderzoeksproces dat begon met het beoordelen van mijtniveaus. Hopelijk zal de informatie bruikbaar vergelijkingsmateriaal blijken te zijn voor collega-imkers en snel begrip mogelijk maken.

Monitoring

Het doel van onze monitoring was om inzicht te geven in het vermogen van de volken om varroa te bestrijden. Heeft het volk een HOGE of LAGE weerstand tegen mijten?

De aanpak bij de imkers in Westerham was om de bijen te observeren in hun interacties met varroa. Natuurlijk resistente volken 'weten' hoe met mijten om te gaan en we hadden een kader nodig om dit in onze eigen bijenkasten te vinden en te volgen. We schuwden complexiteit, de vijand van succes. Het moest eenvoudig zijn en uitlegbaar binnen een imkergroep.

We zagen monitoring als een aanvulling op de normale controles van de volken en wilden dit op een zo min mogelijk ingrijpende manier uitvoeren. De rest van dit hoofdstuk gaat over onze aanpak van monitoring:

- Mijtaantallen
- Openen en opnieuw verzegelen van broedcellen
- Trekken van broed

Het bijhouden van de mijtbesmetting – gevallen mijten tellen op de varroalade

Dit is geen gespreksonderwerp voor op een feestje. Zelfs collega-imkers rollen met hun ogen. Maar dit buitengewoon saaie werkje levert inzicht in wat er in volk gebeurt, inclusief informatie over de interactie van de bijen met de varroamijt. De varroalade onder de open gaasbodem stelt de imker van januari tot december in staat om, zonder de kast te openen, te zien hoe de bijen de mijten bestrijden. Een onschatbaar en onderschat hulpmiddel.

De gaasbodems werden de standaardbodem nadat varroa zijn intrede deed. De reden hiervoor was dat varroa erdoorheen zou vallen en niet meer in het volk terug zou kunnen komen – minder mijten. Gaasbodems probeerden een probleem te verminderen in plaats van het op te lossen. Honingbijen houden doorgaans niet van nesten met open kanten en hebben zeker geen behoefte aan ventilatie of tocht. Wanneer u de lade in de gaasbodem houdt, beschikt u over een onderzoekslaboratorium dat een schat aan informatie oplevert. Bovendien is een quasi-bodem, naar onze mening, beter dan een open gaasbodem.

Figuur 6.1: Een gaasbodem, waar mijten en uitgeknaagde poppenhuidjes doorheen vallen op een lade (niet afgebeeld) eronder, wat een schat aan informatie oplevert. Het gaas voor de gaasbodem heeft een maaswijdte van 3-4 mm. Het is te koop als aluminium en RVS strekgaas.

Foto: Steve Riley

Bij het volgen van de mijtval moet je de resultaten relateren aan wat er in het seizoen in het volk gebeurt en hoe het volk broed aan het verzorgen is. Zie het als onderdeel van de hernieuwde interesse van de imker in de interactie tussen de honingbij en varroa. Voor ons leverde de varroalade de volgende waardevolle inzichten op:

1) Tellingen gedurende het seizoen dienen als leidraad voor schattingen van de grootte van de mijtpopulatie in het volk en voor het vergelijken van volken. Zonder gegevens gis je maar wat.

2) Het bijhouden van de hoeveelheden poppenhuidjes op de varroalade gaf ons waardevolle inzichten, waarvan vele niet zijn vastgelegd in wetenschappelijke publicaties, waaronder:
   i. Bewijs vanaf begin januari dat het volk is begonnen met broeden. De imker weet dat de hygiënische eigenschappen van honingbijen tegen varroa in werking zijn getreden nadat de overwinterende moedermijten de broedcellen zijn binnengedrongen om zich voort te planten. De voortplanting van varroa wordt al onderbroken en besmette poppen worden verwijderd.
   ii. Begrip dat het wegknagen de poppen een integraal onderdeel is van de weerstand tegen varroa. De nakomelingen van de moedermijt sterven dan. Zonder dit gedrag zien we dat het aantal mijten tot gevaarlijke niveaus stijgt.
   iii. Hygiënisch gedrag tegen mijten fluctueert afhankelijk van de dracht. Er worden minder poppenhuidjes op de varroalade gezien tijdens de voorjaarsdracht. Dit komt ook deels doordat varroa nu ook in het darrenbroed kan instappen. Minder hygiënisch gedrag zien we ook tijdens een sterke zomerdracht, als het volk voorrang geeft aan het verwerken van nectar voor wintervoorraden boven hygiënisch gedrag. Het hygiënisch gedrag wordt weer opgepakt wanneer de dracht afneemt of stopt.
   iv. De imker kan zien dat de koningin leeft en ongeveer 15-17 dagen eerder is begonnen met leggen (d.w.z. 3 dagen een ei, 6 dagen een larve en vervolgens 6-8 dagen nadat de cel was verzegeld). Het is bemoedigend om dit in de winter te zien.
3) Bewijs van een massale opruiming van mijten in de nazomer, vóór de winter, is zeer duidelijk zichtbaar op de varroalade, zoals besproken in hoofdstuk 8. Dit biedt de mogelijkheid om dit gedrag van het volk te begrijpen in plaats van er bang voor te zijn.

Terzijde: veel van deze belangrijke bevindingen zouden gemist zijn bij het tellen van mijten in een steekproef van 300 bijen (bijvoorbeeld met alcohol of suiker).

Methodologie

De varroalades van de auteur worden om de 2 à 3 dagen geïnspecteerd, gereinigd en teruggeplaatst. Dit kan mooi omdat hij de bijenstal in de tuin heeft.

Een van de oprichters van het imkerproject in Westerham plaatst de varroalade 2-3 dagen per maand. Twaalf metingen per jaar zijn voldoende als richtlijn. Het is alleen nodig om te kijken of het mijtniveau HOOG of LAAG is.

Een andere imker bekijkt zijn varroalade wekelijks, waarbij er meer bijenresten zijn om door te spitten en een vergrootglas of het vergroten van foto's vanaf een telefoon handig is.

Er wordt een korte notitie gemaakt van:

- Het aantal volwassen moedermijten (donkerbruin/rood); deze zijn belangrijk omdat ze zich kunnen voortplanten (figuur 6.2).
- Jonge dochters (lichtbruin tot wit) of zonen (wit/lichtgeel); een hoog percentage geeft aan dat bijen de cellen schoonmaken en grote aantallen worden vaak gezien in de nazomer, wanneer het broednest krimpt (zie analyse in hoofdstuk 8).
- eventuele witte poppenhuidjes (meestal antennes, kop en borststuk) en de hoeveelheid daarvan.
- Andere opvallende zaken, zoals wasplaatjes, gevallen eitjes, verwijderd stuifmeel, de positie van de tros en hoe deze zich tijdens de winter verplaatst, of het aantal ramen dat de bijen bezetten, te beoordelen aan de hand van de stroken wasresten. Deze informatie over het volk kan worden verzameld zonder de kast te openen.

Figuur 6.2: Alleen volwassen (moeder) mijten worden geteld, aangezien deze zich voortplanten (hoewel in resistente volken tot wel 50% daarvan onvruchtbaar is).

Foto: © Zachary Huang Photo.

We hebben tienduizenden mijten geteld. Je wordt snel en efficiënt in het interpreteren van de ontwikkeling van het volk, zonder de rust van de bijen te verstoren. De aantekeningen over het aantal mijten vullen we in in een spreadsheet. Zo kunnen we grafieken van trends maken die we kunnen linken aan het broed in de volken. Op basis van deze gegevens doen we de selectie. Hier komen we in hoofdstuk 10 op terug.

Figuur 6.3: De varroalade, die niet alleen als uw onderzoekslaboratorium voor varroa en uitgekauwde poppenhuidjes dient, zal u kennis laten maken met veel andere bezoekers van de bijenkast. Stuifmeelmijten, springstaarten, pissebedden, oorwurmen, wasmot, mieren, luipaardslakken zullen allemaal door een kleine opening glippen. Natuurlijke bezoekers van het bijenvolk. Om het monitoren snel en eenvoudig te houden, voegen we geen kleefstoffen zoals vaseline aan de lade toe en geven we de voorkeur aan lades met een rand aan de achterkant om tocht buiten te houden.

Foto: Steve Riley

Hoeveel mijten is oké?

In de beginfase van het evalueren van volken op resistentie is het belangrijk om het aantal mijten in de loop van de tijd te volgen (minstens maandelijks). Maar niet alleer - observeer ook het openen van cellen in het volk en de poppenhuidjes op de lade. In de loop van een heel jaar, zien we het liefst een gemiddelde mijtval van maximaal 5 per dag voor onze beste volken. Dit zijn ongeveer 1.825 mijten over het jaar. Een typisch verloop laat weinig mijtval vroeg in het broedseizoen zien. Het neemt geleidelijk toe, met een piek in de herfst. Fluctuaties komen voor afhankelijk van aan- of afwezigheid van broed en de dracht, wat in het volgende hoofdstuk wordt besproken.

Figuur 6.4: Dit is onze richtlijn voor een British National-kast (vergelijkbaar met spaarkast), waarbij het broed is beperkt op 1 broedkamer. De aantallen kunnen worden aangepast naar gelang de grootte van de gebruikte kast en de productiviteit van de koningin. Koninginnen die grote broednesten aanleggen zullen in verhouding meer mijten hebben.

Gemiddelde dagelijkse (volwassen) mijtval	Risico voor het volk	Actie
≤ 5 per dag (voor het jaar)	Laag	Gebruiken voor nateelt
6-10 per dag	Gemiddeld	In de gaten houden
>10 per dag	Hoog	Koningin vervangen

Aan het begin ons project lag de mijtval in op midden tot hoog niveau, maar het is gedaald door selectie. We hebben slechtere koninginnen vervangen maar ook enkele volken met de minste resistentie verloren. Deze mijtenaantallen zijn grotendeels vergelijkbaar met de mijtaantallen die werden gevonden bij een onderzoeksproject in Frankrijk (Le Conte *et al.*, 2007). Wilde volken bleken zonder hulp van de imker in Le Mans en Avignon varroa te overleven. De natuurlijke mijtval werd, gedurende een volledig jaar van september 2002 tot augustus 2003, één tot drie keer per week geteld op een varroalade (dezelfde methode als wij gebruiken). In 12 resistente volken was de gemiddelde mijtval voor een jaar 9,1 per dag. Dit waren Dadant-kasten, die een circa 70% groter broedoppervlak hebben dan een British National. Aangepast voor het grotere broedoppervlak, is de vergelijkbare dagelijkse mijtval voor een British National 6,4 per dag. Dit is vergelijkbaar met ons doel.

Openen/recapping van cellen in de gaten houden

Ontzegelde poppen in het stadium met roze ogen zijn gemakkelijk te zien tijdens inspecties. Omdat de koningin in groepen van gelijke leeftijd legt, is het de moeite waard om nabijgelegen cellen te onderzoeken of ze daar ook open waren gemaakt (je kunt nooit precies zeggen welke). Als je echt een goed oog hebt, is dat ook de plek waar je het verstoorde oppervlak van opnieuw verzegelde cellen kunt vinden. We vermelden de geopende cellen tijdens inspecties op de kastkaart. Het wordt onderdeel van de normale routine van de imker. Bij het controleren op varroaresistentie bouw je snel kennis op over welke volken deze eigenschap hebben. Dit voedt op zijn beurt de keuzes bij de koninginnenteelt.

Figuur 6.5: Een broedraam lezen op resistentie eigenschappen. De foto toont een sectie van werksterbroed van een varroaresistent volk van Dr. T. Rudd. De koningin heeft het laatst gelegd onderaan het raam, waar zich eitjes en larfjes bevinden. Het deel erboven bevat recent gesloten cellen, die glad en bol zijn (niet gemakkelijk zichtbaar in op een foto). Vervolgens is er een groep geopende cellen, met een opstaand randje van was dat rondom de cel teruggevouwen is en klaar om opnieuw gebruikt te worden. De bijen hebben deze ongeveer 6 dagen nadat de cellen gesloten waren, geopend, wat eerder gebeurt dan het paren van de jonge mijten in de cel. Ten slotte, iets verder omhoog op het broedraam, zijn de verstoorde celdekseltjes te zien, die eerst geopend en daarna opnieuw gesloten zijn.

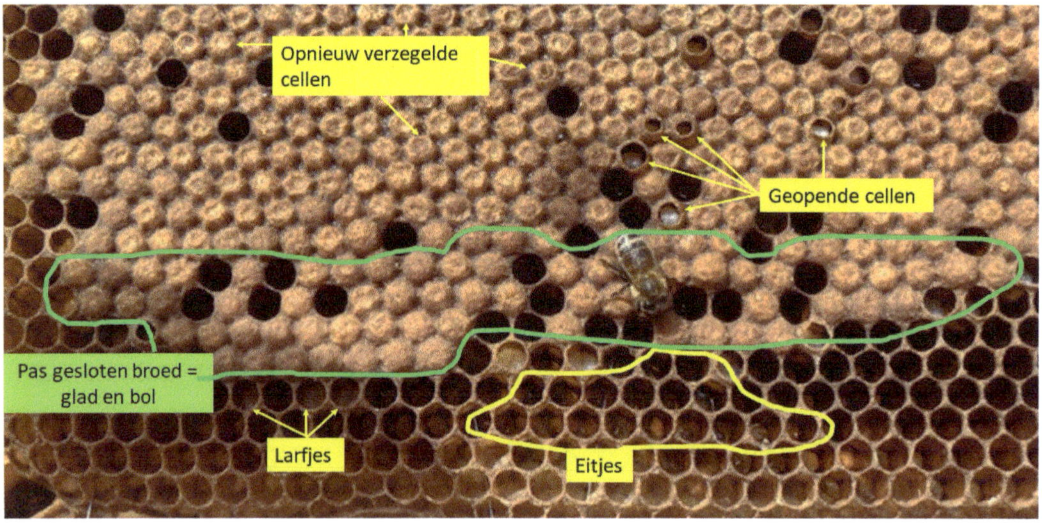

Foto: Dr. T. Rudd

Het onderzoeken van de celdekseltjes kan lastig zijn als er bijen rondom de kap vliegen. Foto's maken van de broedramen om deze later thuis aan de keukentafel te vergroten en te analyseren, laat veel meer zien dan we ooit hadden verwacht. Nadat je enkele geopende cellen op de raat hebt gezien, veeg je de bijen aan de kant en maak je snel enkele foto's. Je hebt te maken met voedsterbijen, dus ze zullen meewerken. Voor een meer complete inspectie, maak je een foto van een volledig raam. Dit houdt in dat je eerst controleert of de koningin zich niet op het raam bevindt voordat je de bijen in de kast klopt. Zorg ervoor dat de zon recht op het raam schijnt als je foto's maakt. Zet het raam zo snel mogelijk terug. Het foto's maken is veel gemakkelijker met z'n tweeën.

Broedtrekken observeren

We kwamen erachter dat dit belangrijk gedrag is voor imkers om op te letten. Aanvankelijk ging onze belangstelling uit naar het openen van de cellen, omdat de kleine witte kopjes van de poppen gemakkelijk te zien waren. Maar dat was slechts het begin van het onderzoeksgedrag van de bijen. Het ruimen van poppen uit een besmette cel was de afronding van dat onderzoek. Eerst komen de antennes eruit, gevolgd door het witte exoskelet van de kop en het borststuk. Deze vallen door gaasbodem op de varroalade en zijn gemakkelijk zichtbaar bij de controle van de mijtval. Ook onvolwassen mijten die door de bijen zijn weggepoets vinden we terug op de varroalade. De moedermijt ontsnapt meestal. Een vergrootglas of het maken van een foto en deze later vergroten kan handig zijn.

Figuur 6.6: Antennes en een witte poppenhuidjes op de varroalade bevestigen het ruimingsproces.

Foto: Steve Riley.

We hebben nog nooit gezien dat bijen de achterlijven van poppen afknagen en we zien deze ook niet op de varroalade. Op warme dagen zijn langzaam vliegende poetsbijen gezien met wat lijkt op een klein wit vlaggetje. Dit is het witte achterlijf van een pop die om hygiënische redenen uit het nest wordt gedragen. In de winter worden ze buiten de ingang gedumpt en verdwijnen dan, mogelijk op een warmere vliegdag meegenomen door een bij of als een gemakkelijke snack voor een voorbijvliegende roodborst.

Figuur 6.7: Poppenresten buiten de ingang gedumpt op mildere winterdagen.

Foto: Steve Riley.

Het monitoren van varroaresistent gedrag gedurende 24/48 uur

Dit was geen onderdeel van onze reguliere monitoring, maar een eenmalig onderzoek om ons begrip van het hygiënisch gedrag tegen varroa in onze volken te verbeteren. Het betrof Kast 6 in de bijenstal van de auteur, waarbij foto's werden genomen van hetzelfde gedeelte van het broedraam met een tijdsinterval van 24 uur. Het leek ons een beetje hinderlijk om een volk twee keer in 2 dagen te verstoren, maar we bevelen deze methode aan als een imker bevestigend bewijs nodig heeft van de resistentie van een volk, bijvoorbeeld met hun teeltkoningin.

De bevindingen waren verhelderend.

Kast 6 had een record van lage mijtenaantallen, we hadden het openen van cellen gezien tijdens inspecties en poppenhuidjes gezien op de varroalade. Op de eerste dag (maandag) van de inspectie van de broedramen waren er veel geopende cellen zichtbaar met poppen met roze tot paarse oogjes. Links van de geopende cellen in figuur 6.8 waren er ook opnieuw gesloten cellen, die niet gemakkelijk te onderscheiden zijn op de foto. Op dinsdag, na 24 uur, waren nog meer cellen geopend, veel weggeknaagde poppen en één cel die opnieuw was gesloten (en nog een paar daarnaast achter de onhandig geplaatstebij).

Figuur 6.8: Toont de verandering in geopende en weer gesloten cellen in 24 uur. Plus een aantal cellen waarvan de poppen zijn geruimd.

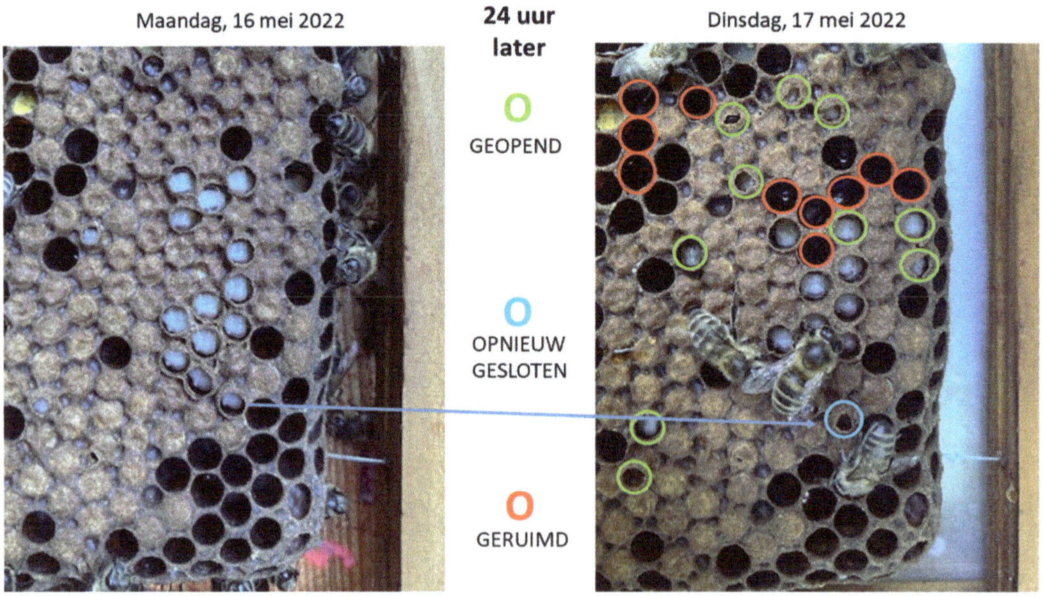

Foto's: Steve Riley.

Als we de totale activiteit van maandag samenvoegen met die van dinsdag, is er over de 2 dagen een opmerkelijk niveau van hygiënisch gedrag zichtbaar (zie figuur 6.9). Het verraste ons, maar het is consistent met het hoge niveau van het recapping van cellen (een aanwijzing voor hygiënisch gedrag) dat op de verschillende continenten is geregistreerd waar *Apis mellifera*-volken van nature resistent zijn geworden tegen varroa, zoals weergegeven in figuur 4.9.

Figuur 6.9: Het combineren van de 2-daagse activiteit bevestigde het hoge niveau van hygiënisch gedrag tegen Varroa.

Diagram: Steve Riley

De les voor imkers is om te blijven controleren. Bijen hebben meer activiteiten tegen varroa dan we doorgaans beseffen.

Samenvatting: voldoende hygiënisch gedrag is essentieel

Het is belangrijk dat er voldoende hygiënisch gedrag is van de bijen tegen varroa om de mijt- en daarmee DWV-niveaus laag te houden. De voortplanting van de mijten moet worden onderbroken door het openen van cellen en het ruimen van de besmette poppen. Dit gegeven wordt bevestigd door een laag aantal mijten in volk gedurende het seizoen (streefwaarde gemiddeld 5 of minder per dag gedurende het jaar). Het controleren van de varroalade op mijten en poppenhuidjes, het letten op het openen van cellen tijdens inspecties en het af en toe een foto van broedramen maken, stellen de imker in staat om varroaresistentiegedrag in hun volken vast te stellen.

Figuur 6.10: Controle op varroaresistentie-eigenschappen door imkers op is een proces in drie stappen.

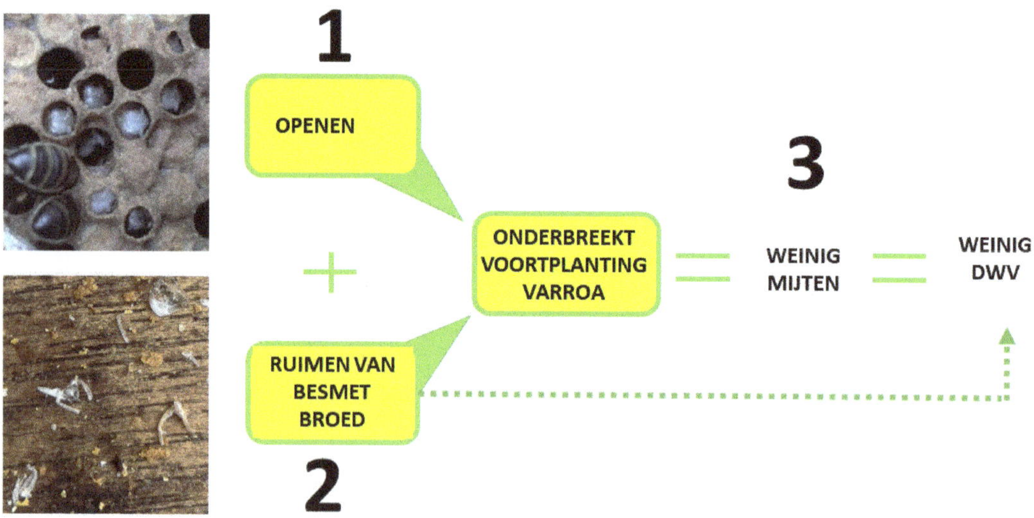

Diagram: Steve Riley

7
Andere manieren om te monitoren

Hoewel wij het tellen van de mijtval op de varroalade hebben gebruikt om resistentie-eigenschappen in de gaten te houden, zijn er ook andere manieren om het vermogen van een volk om met varroa om te gaan te bepalen. Sommige hiervan hebben we overwogen en besloten om niet te gebruiken, omdat we geloofden dat onze imkers ze niet zouden willen toepassen of omdat ze te invasief waren of nog niet bewezen.

Deze methoden omvatten:

- Monsters bijen met poedersuiker schudden, behandelen met CO_2- of uitspoelen met alcohol of zeepsop.
- Broedanalyse zoals bijvoorbeeld de VSH-test of het openen van darrenbroed.
- Tests voor hygiënisch gedrag bijvoorbeeld pintest of UBO-test (dit is een test waarbij een vloeistof die een typisch stofje van ongezond broed op broed wordt gespoten, de bijen ruimen dan de cellen leeg waar de vloeistof op terecht is gekomen).

Hieronder onze overwegingen bij deze methoden, te beginnen met de met poedersuikermethode.

Poedersuikerproef

In onze trainingsbijenstal hebben we de poedersuikerproef uitgeprobeerd om de mijtenbesmetting te schatten. Dit was een van de methoden die werd ingezet door onze toenmalige mentor, Dr. Ralph Büchler, die adviseerde dat 'zolang de suiker droog' is, het bijna net zo goed is als schudden met alcohol. Methode: voedsterbijen van een broedraam worden in een lege schudbeker geveegd (niet de koningin!). In deze pot hebben we een lijn getekend die het volume van 100 ml aangeeft (dit hadden vooraf met water gemeten). 100 ml komt overeen met ongeveer 300 bijen. Twee eetlepels poedersuiker worden toegevoegd aan de droge beker. De bijen worden langzaam zoals in een wasdroger in de pot gedraaid, daarna even laten rusten en opnieuw draaien. Bedoeling is dat de bijen helemaal met poedersuiker bedekt zijn. Tot slot worden ze geschud boven een wit stuk papier (of boven de fijne honingzeef in een emmer om de suiker op te vangen) totdat de mijten door het gaas in het deksel van de pot vallen. Na 1 minuut schudden, heb je een mijtentelling en kunnen de met poedersuiker bedekte, nogal duizelige bijen in het volk worden teruggedaan. Let op dat er niet te wild wordt geschud. De bijen geven dan honing op en het geheel kan een plakkerige smeerboel worden.

Figuur 7.1: een schudbeker met witte bestrooide bijen.

Foto: Steve Riley.

Het resultaat van deze proef is een ruwe schatting van de besmetting. Alleen de mijten op 300 bijen worden geteld. Een oordeel vellen over de besmettingsgraad door te extrapoleren in een berekening waarbij minder dan 1% van de bijen in een volk van meer dan 30.000 wordt gebruikt, kan naar onze mening tot verkeerde interpretaties leiden.

Het voordeel van zo'n bemonstering is dat je een duidelijk percentage van de besmettingsgraad krijgt. Als je 9 mijten vindt, kom je uit op een percentage van 3% op basis van de ongeveer 300 bijen. Moet men corrigeren voor een geschatte 50% - 80% van de mijten die zich voortplanten in verzegeld broed?

Onderzoek naar varroaresistente volken in het Verenigd Koninkrijk toonde een gemiddelde besmettingsgraad van 6% van de besmette werksters (Grindrod en Martin, 2021). Elk volk met meer dan 10% besmette werksters in september moet worden beschouwd als een volk met een hoog risico om te sterven en zwakke resistentie-eigenschappen. In andere periodes van het jaar zou je lagere besmettingsniveaus verwachten.

Bemonstering kan eigenlijk alleen plaatsvinden tijdens het actieve bijenseizoen van maart tot eind september. Wat gebeurt er met de varroaniveaus en de interactie met bijen later in de herfst, winter en vroege lente? We moesten het gewoon weten!

Het monitoren van varroa op basis van een kleine steekproef van bijen was niets voor ons. Om die reden wilden we de poedersuikerproef, CO_2-test, alcohol- en zeepsopspoeling vermijden. Bij de alcohol- en zeepsopproef worden ongeveer 300 bijen per test van elk volk gedood. Het extrapoleren van mijtbesmettingspercentages uit kleine monsters bijen geeft een illusie van nauwkeurigheid. In de realiteit kan er een grote schommeling in de werkelijke besmetting zijn omdat hiermee geen schatting van de mijten in het broed wordt gemaakt.

Varroa Sensitive Hygiene ("VSH")

Sommige commerciële telers testen op Varroa Sensitive Hygiëne (VSH). Dit werd voor het eerst ontwikkeld bij het USDA Honey Bee Laboratory in Baton Rouge, Louisiana. Hierbij worden 100 verzegelde cellen van werksterbroed in het paarse-ogen-stadium geopend en worden de mijten met of zonder nakomelingen geteld. Dit wordt onder meer gedaan door Dr. John Harbo, die het oorspronkelijke onderzoek leidde (https://www.harbobeeco.com/) en die een gratis testprotocol op zijn website aanbiedt, en teler Cory Stevens (https://www.stevensbeeco.com/), beiden in de Verenigde Staten.

Stevens gebruikt de Harbo-test voor selectie en is van mening dat het met deze aanpak tussen de 3 en 10 jaar kan duren om resistente bijen te kweken. Hoelang het duurt hangt af van de eigenschappen van de eerste teeltkoningin, of er elk jaar andere VSH-koninginnen in het programma worden opgenomen, het verwijderen van koninginnen die niet het vereiste niveau van VSH vertonen en het gebruik van kunstmatige inseminatie met geselecteerde darren, d.w.z. een gesloten teeltpopulatiemodel.

Het gebruik van de Harbo-test op niet-geselecteerde volken (d.w.z. beginnen zonder een VSH-koningin) zou een langere periode kunnen vergen om VSH-kenmerken te verkrijgen. Bij imkervereniging Westerham hebben we ook overwogen om VSH-broedanalyse toe te passen, maar we konden ons niet voorstellen dat genoeg van onze imkers tijd zouden willen besteden aan het analyseren (en opofferen) van werksterbroed uit hun volken.

Het ontzegelen van darrenbroed

Bij deze methode worden 100 levende darrenpoppen ontzegeld in het paarse-ogen-stadium. In de brochure 'Managing Varroa' van de National Bee Unit in het Verenigd Koninkrijk wordt het aantreffen van 5-10 mijten op 100 darrenpoppen gezien als indicatie van een hoog risico voor het volk.

Dit is geen methode die wij willen aanbevelen. Het vermindert het aantal beschikbare darren en daarmee zou het kunnen zorgen voor slechte bevruchting van onze koninginnen. Ook is het een onaangename controlemethode. Het is onvermijdelijk dat je er per ongeluk recent gesloten broed uithaalt, waardoor een papperige puinhoop ontstaat.

Het belangrijkste strijdtoneel voor varroa is het werkstersbroed en darrenbroed is ook niet altijd beschikbaar om te bestuderen. Consistentie in de aanpak is belangrijk voor de vergelijkbaarheid.

Figuur 7.2: Het uitvorken van levende darrenpoppen is een gangbare methode om te kijken of er veel varroa is. Het is een praktijk die kan bijdragen aan slechte bevruchting van de koninginnen, vooral in de tweede helft van het seizoen, en is naar onze mening onnodig barbaars.

Foto: Met dank aan het Animal and Plant Health Agency (APHA), Crown Copyright.

Pintest of vloeibare stikstofproef

Eerdere pogingen van telers en onderzoekers, onder meer aan de Universiteit van Sussex, om varroaresistentie te identificeren, maakten gebruik van de pintest of vloeibare stikstofproef om hygiënisch gedrag vast te stellen. Een klein stukje broed werd gedood of beschadigd en vervolgens 24 of 48 uur later gecontroleerd om te beoordelen hoeveel poppen door de bijen waren verwijderd.

De tests hadden echter een aantal tekortkomingen:

1. Varroa doodt zelden de poppen in de cel en telers selecteerden bijen die grote groepen dood broed kunnen detecteren (chemische signalen van dood en levende broed zijn verschillend).
2. Het was geen test voor varroabesmetting in de broedcel.

Ongezonde broedgeurstoffen ("UBO's")

Er wordt momenteel onderzoek gedaan naar en veldproeven uitgevoerd met UBO's. Deze worden op verzegelde werkstersbroed gespoten en zijn bedoeld om snel het hygiënische gedrag van bijen ten opzichte van varroa te testen. Er wordt gekeken naar het aantal cellen dat binnen twee uur geopend is. Het samenstellen van de juiste chemische stoffen is complex en het zal interessant zijn om te zien of er een sterke correlatie is met het gedrag van varroaresistente bijen na voldoende veldproeven met imkers – naar onze mening zijn minimaal 3 jaren zonder behandeling vereist.

Bij het project van de imkervereniging Westerham laten we de bijen ons vertellen of ze het vermogen hebben om varroa-besmetting in de cellen te detecteren, door te observeren of ze de cellen ontzegelen en de poppen uitknagen. Wetenschap geleid door onze honingbijen.

Genetische merkers

Andere onderzoekers van het USDA hebben, om de teelt te ondersteunen, gezocht naar genetische merkers die verband houden met de resistentie-eigenschappen van bijen. Deze zijn nog niet gevonden en er is weinig overeenstemming over welke de juiste genen zouden zijn. Het is moeilijk werk dat extra lastig is door de meervoudige paring van de koningin. Ook is het lastig door de hoge mate van genetische recombinatie bij bijen (het vermogen om genen te mengen om eigenschappen aan of uit te schakelen).

Samenvatting – monitoring

In deze samenvatting over monitoring is de aanpak van de imkervereniging Westerham beschreven om de voordelen ervan te benadrukken.

Varroalade:

De door ons gekozen methode voor monitoring was het tellen van mijten met behulp van een varroalade onder een open gaasbodem. Dit had veel voordelen:

- Het is een test van mijten uit het hele volk (geen kleine steekproef).
- Identificeert poppenhuidjes (belangrijk onderdeel van het resistentieproces).
- Is niet-invasief.
- Gemakkelijk en snel te gebruiken.
- Maakt monitoring mogelijk van januari tot en met december.
- Geeft inzicht in de seizoensgebonden variatie in hygiënisch gedrag.
- Een kast heeft sowieso een bodem nodig.

Er zijn twee belangrijke punten van kritiek:

De vrees bestaat dat mijten worden opgegeten of meegenomen door mieren, waardoor de tellingen onbetrouwbaar worden. Wij hebben dat nog nooit waargenomen, maar het verlies van een paar mijten bij het tellen van een steekproef op 30.000-40.000 bijen hoeft geen probleem te zijn, d.w.z. de berekeningen zullen er niet veel onder lijden.

De tellingen geven geen beeld van de toename van varroa in het broed. Dit is tot op zekere hoogte waar (vooral bij bemonsteringsmethoden), maar op de varroalade zal een stijging van het aantal mijten te zien zijn wanneer er broed uitloopt. Het belangrijkste is om dit gedurende een langere periode te monitoren, zodat de trends en verschillen in varroaresistentie tussen volken zichtbaar worden.

Broedcontrole aan de hand van foto's:

Door foto's te maken van het werksterbroed zonder opzittende bijen (let op de koningin). Door zo'n foto later in alle rust aan de keukentafel te vergroten, kan je zien hoeveel cellen de bijen ontzegelen. Soms kun je ook recapping herkennen aan de celdekseltjes.

Zoals besproken in het vorige hoofdstuk, kan een foto van hetzelfde broedraam met een tussenpoos van 24 uur de activiteit van het openen, recapping en broedtrekken onthullen. Deze verstoring zou bij een volk niet vaker dan 1 keer per seizoen moeten worden aangedaan.

Monitoring - belangrijke punten

Alle methoden voor varroa-monitoring hebben hun tekortkomingen of nadelen.

Welke methode je ook kiest, gebruik de resultaten als uitgangspunt om varroaresistente eigenschappen te identificeren:

1. Zorg ervoor dat de monitoring regelmatig wordt uitgevoerd (minimaal maandelijks) en niet één keer per jaar.
2. Wees voorzichtig met het trekken van definitieve conclusies op basis van kleine, op een bepaald moment uitgevoerde methoden waarbij varroa op de bijen worden geteld en mijten in het broed worden genegeerd.
3. Gebruik consequent dezelfde methode voor vergelijkbare resultaten.
4. Breng de mijtenaantallen in verband met het zien van geopende cellen en aangevreten poppen - belangrijke onderdelen van het resistentieproces (probeer te begrijpen waarom er op enig moment veel mijten vallen).
5. Houdt de tellingen bij op de kastkaart om de selectie van koninginnen te ondersteunen.
6. Maak een rangschikking van de sterkte van de verschillende volken met betrekking tot varroa.

8

Hygiënische gedrag van de bijen tegen varroa gedurende het seizoen

In dit hoofdstuk wordt dieper ingegaan op het hygiënische gedrag van honingbijen tegen mijten gedurende een heel seizoen. De beschrijving heeft betrekking op een varroaresistent volk dat nu aan haar zevende seizoen bezig is. Ook observaties over het effect van de darren, zwermen, dracht en voorbereidingen van het volk op de winter komen aan bod.

In het eerste deel, dat als handleiding voor imkers dient, is komt de mijtval gedurende een heel jaar aan de orde en wordt in relatie gebracht met de hoeveelheid broed. Er worden interpretaties gemaakt van de interactie tussen bijen en mijten gedurende het jaar (figuur 8.1b).

In het tweede deel wordt, op basis van de gegevens over de mijtval gedurende het hele jaar, een schatting gemaakt van hoe de werkelijke aantallen mijten gedurende het seizoen veranderen, samen met de belangrijkste factoren die dat beïnvloeden (figuur 8.8).

Beide delen zijn onderverdeeld in de periodes van januari tot maart, april tot mei, juni tot juli, augustus tot oktober en november tot december. Het doel hiervan is om de interactie tussen honingbijen en mijten tijdens belangrijke seizoensgebonden gebeurtenissen voor het volk te bekijken.

Opstelling van het volk dat wordt gemonitord

Deze toelichting kan het beste worden gelezen in combinatie met de volledige jaaranalyse van kast 1 in 2021 (figuur 8.1b). Dit is een varroaresistent volk in de bijenstal van de auteur. De bijen zijn al meer dan 10 jaar lokaal aangepast aan deze plaats en zijn in die periode ook donkerder van kleur geworden. Ze proberen elk jaar te zwermen en de dochterkoninginnen hebben dezelfde of zeer vergelijkbare varroaresistente eigenschappen als hun moeders (N.B. goede erfelijkheid). Kast 1 heeft de beste staat van dienst in de bijenstal voor wat betreft de productie van oogstbare honing en overleeft steeds de winter. De bijen zijn (meestal) prettig in de omgang.

Figuur 8.1a: Kast 1; een volledig varroaresistent volk. De opstelling bestaat uit een Britse National-broedkamer met koninginnenrooster en honingkamers. De kast staat op een varroabodem met de varroalade er 24/7 in.

Foto: Steve Riley

Seizoensgebonden mijtval (aan de hand van figuur 8.1b)

Januari-februari-maart:

In januari is het eerste nieuwe werksterbroed al aangezet (bij ons begint dat in december). Het is in kleine hoeveelheden, ter grootte van een handpalm. Voor de varroamijt, die met succes heeft overwinterd op de bijen, is dit de eerste kans om zich weer voort te planten.

Interessant is dat eerder onderzoek naar wintervolken een hoog sterftecijfer onder mannelijke mijten in de winter aantoonde (42% tegenover 18% in de zomer), wat leidde tot onvruchtbaarheid onder vrouwelijke mijten die voor de paring afhankelijk zijn van hun broers (Martin, 2001).

De mijtval, nu nog slechts een druppelsgewijs (1-5 per dag), zou in eerste instantie moeten afnemen naarmate de mijten meer in het werkersbroed instappen. Enigszins contra-intuïtief: nieuw broed = lagere mijtval.

Figuur 8.1b: Verloop van de mijtval van kast 1 in 2021, in relatie gebracht met het broedaanzet en het hygiënische gedrag van de bijen tegen Varroa.

Zestien tot zeventien dagen nadat de koningin is begonnen met leggen (de poppen bevinden zich nu in het stadium met roze tot paarse ogen), ruimen de bijen de aangetaste poppen uit. De imker kan de witte poppenhuidjes op de varroalade zien.

Een vreugdevol moment. Ten eerste weet de imker dat de koningin in leven is en eitjes legt (hopelijk ziet de imker poppenhuidjes van werksterpoppen en niet die van darrenpoppen!). Ook goed nieuws is dat de bijen in een vroeg stadium van het nieuwe seizoen de overwinterende varroa aanpakken. Dit in tegenstelling tot de toename die wordt waargenomen in volken met een lage weerstand tegen varroa.

Figuur 8.2: Wasresten van 3 dagen van de tros tijdens koud weer in januari. Het laat de plaats zien van het volk op 5-6 ramen. De bewegingen van de tros kunnen worden gevolgd gedurende de winter, als het volk de honingvoorraad aanspreekt. In dit geval waren er 5 mijten (d.w.z. 1,7 per dag).

Foto: Steve Riley

Naast het monitoren van hygiënisch gedrag, is de varroalade een niet-invasieve bron van andere informatie. Tijdens mildere periodes verschijnen er kleine druppeltjes vloeibare honing of kristallen van klimophoning over een groot deel van de varroalade als het volk de voorraden aanspreekt. Kleine stukjes stuifmeel van Mahonia, Fatsia japonica of winterbloeiende Viburnum zijn soms te zien in december of januari – altijd een goed teken.

Tijdens de koudere periodes van de winter kun je verwachten dat de plek waar was- en celresten neervallen kleiner wordt omdat de tros dichter wordt en kleiner.

Wat we eind januari graag zien, is bewijs op de varroalade dat de bijen op 5-6 ramen zitten en bezig zijn het eerste broed warm te houden.

April-mei:

Slecht weer

Wanneer bijen vanwege hevige regen of koelere omstandigheden in de kast moeten blijven, neemt het hygiënische gedrag tegen varroa toe. Dit kunnen we zien aan het grotere aantal poppenhuidjes op de varroalade. De voedsterbijen worden niet afgeleid door het ontvangen en verwerken van nectar of het opbergen van stuifmeel.

Darren

Voorafgaand aan het voortplantingsseizoen (zwermen) worden het eerste darrenbroed eind maart en begin april aangezet. Dit broed is meer dan 8 keer zo aantrekkelijk voor varroa als werksterbroed (Fuchs, 1990).

De aantrekkingskracht van het darrenbroed verlicht de mijtdruk op het werksterbroed in het volk. Dat kan zich daardoor sterk ontwikkelen, wat het verzamelen van stuifmeel en nectar ondersteunt, in de aanloop naar het voortplantings- en zwermseizoen.

Even terzijde: we zien wel dat de meest hygiënische volken, waar het mijtniveau laag is, ook darrenbroedcellen openen. We zien dit als het begin van hetzelfde proces van onderbreking van de voortplanting van varroa als bij het werksterbroed, waarbij de bijen de nakomelingen van varroa of geïnfecteerde poppen waarnemen. Op dit moment heeft onderzoek nog niet kunnen aantonen dat dit hygiënische gedrag in darrencellen leidt tot onderbreking van de voortplanting van varroa.

Figuur 8.3: Uitgeknaagd darrenbroed op de varroalade - de grote ogen bevestigen de identiteit.

Foto: Steve Riley

Er zijn twee waarneembare gevolgen van de aanwezigheid van darrenbroed voor de onderzoekende imker. Ten eerste zal er minder openen/recapping van werksterbroed en ruimen van poppen plaatsvinden omdat mijten worden aangetrokken door darrencellen. Ten tweede zal er een piek zijn in de mijtval wanneer de darren na 24 dagen uitlopen. De mijtpopulatie zal groeien door de langere ontwikkelingsperiode van 14 versus 12 dagen en het mindere (of afwezige) hygiënische gedrag van de bijen tegen de mijten in het gesloten darrenbroed. Maar dit werkt mooi samen met het zwermen, wat hierna komt.

Zwermen en broedonderbrekingen

De voorjaarsdracht in ons gebied zorgt voor een sterke broedaanzet van werksters en darren in het volk en we zien meestal vanaf eind april de eerste tekenen van zwermplannen. We proberen de zwermvoorbereidingen niet te dwarsbomen, maar anticiperen erop en werken samen met de bijen door een aflegger te maken.

Na het zwermen dwingt de daaropvolgende broedloze periode, voordat de nieuwe koningin begint met leggen, de varroamijt op de bijen en zal er een toename in mijtval te zien zijn door het per ongeluk vallen (of wellicht weggepoetst worden?).

Dit is het voordeel van elke broedloze periode. In het geval van kast 1 in figuur 8.1b vielen er in totaal ongeveer 170 mijten tijdens deze broedpauze, waarbij de mijtval toenam van 3 tot 8 per dag op het hoogtepunt.

Dr. Ralph Büchler schat dat de mijtpopulatie tijdens broedloze periodes met ongeveer 1% per dag afneemt (Gormanston-lezingen, 2017). Een broedloze periode varieert in lengte afhankelijk van wanneer de oude koningin is gestopt met leggen en wanneer de nieuwe koningin wordt bevrucht en weer een broednest aanlegt. Uitgaande van een periode van 20-25 dagen (kan langer zijn als slecht weer verhindert dat de nieuwe koningin op bruidsvlucht gaat) waarin varroa op de bijen zitten, zou dit kunnen leiden tot een afname van de mijtpopulatie met ongeveer een vijfde tot een kwart. Dit is een mooie compensatie na de groei van de mijtpopulatie als gevolg van succesvolle voortplanting in het darrenbroed.

Juni-juli:

Als er in het late voorjaar een zwerm is geweest, is de nieuwe koningin nu hopelijk goed bevrucht en legt ze nu volop eitjes. Mijten die tijdens de broedloze periode op de bijen hebben overleefd, zoeken nu weer naar mogelijkheden om zich voort te planten in het nieuwe werksterbroed. Daardoor zal het aantal mijten op de varroalade afnemen.

Eind juni tot juli is doorgaans de sterkste zomerdrachtperiode in ons gebied, bestaand uit braam, klaver en springbalsemien. Deze dracht zorgt voor de essentiële wintervoorraad voor het volk. Haalbijen werken van zonsopgang tot zonsondergang en brengen grote hoeveelheden nectar naar de kast, waar jongere bijen deze in ontvangst nemen. Zij hebben de taak om de juiste enzymen toe te voegen, het watergehalte te verlagen en de cellen met honing af te sluiten met was.

Het volk bevindt zich in de 'honingfabriekmodus' en hygiënisch gedrag tegen mijten wordt een ondergeschikte activiteit, gezien de focus op het binnenhalen en verwerken van wintervoorraad.

Als gevolg van de focus van de huisbijen op het ontvangen en verwerken van voorraden, zal de imker minder openen en opnieuw sluiten van broedcellen in het broednest en minderpoppenhuidjes op de varroalade waarnemen. Bijgevolg zal er een groei zijn in de mijtenpopulatie, die zich rustig kan voortplanten nu de voedsterbijen afgeleid zijn.

In reguliere imkercursussen wordt aanbevolen om op dit moment het niveau van de mijtbesmetting te beoordelen. Dit om informatie te hebben over het al dan niet behandelen. Dit is te laat in het seizoen. Het varroaniveau zal op dit moment op varroalades worden onderschat, vanwege de ongestoorde voorplanting van de mijten in het werkstersbroed. Bemonsteringsmethoden zoals een alcoholwassing of suikerschudden kunnen niet de toename van de mijten in het broed laten zien. Het analyseren van 100 cellen van roze tot paarsogig werkstersbroed zou de duidelijkste indicatie geven van de besmettingsgraad, maar dit is een route die we niet hebben gekozen. We verwachtten ook niet dat voldoende imkers deze zouden volgen, in een tijd waarin ze druk bezig zijn met het plaatsen en verwijderen van honingkamers. We nemen genoegen met het begrijpen van wat er zich in het hoogseizoen tussen mijten en bijen afspeelt.

Goed beheer houdt in dat je minimaal één keer per maand de varroa-niveaus beoordeelt en daardoor inzicht krijgt in de relatie tussen de beschikbaarheid van broed en het hygiënisch gedrag tegen de mijten.

<u>Augustus-september-oktober:</u>

Tot nu toe zijn de bijen vooral bezig met het verzamelen van voldoende voorraden om de winter door te komen. Naarmate de zomer op zijn einde loopt, richten ze hun aandacht op het winterklaar maken van het nest. Dit houdt onder meer in dat ze grote hoeveelheden propolis aanbrengen, zoals door de meeste imkers wordt gemerkt tijdens hun laatste inspecties van het seizoen. Propolis werd vroeger door imkers als hinderlijk beschouwd, maar we beginnen nu te beseffen hoe belangrijk het is voor de gezondheid van onze bijen dankzij de antimicrobiële eigenschappen ervan.

"Cerro Torre"-piek – de piek in mijtval vóór de winter

Wat ons opviel in onze natuurlijk resistente volken was de massale sterfte van mijten aan het einde van de zomer. De mijtval tijdens deze periode in het volk getoond in figuur 8.1b bedroeg 661 mijten; dat is ongeveer 50% van de mijtval in het hele seizoen. De bijen bereikten op natuurlijke wijze een vermindering van varroa die vergelijkbaar is met de toepassing van een mijtbestrijding gedurende die periode. Deze vermindering van varroa gaat gepaard met een evenredige vermindering van de DWV-belasting in het volk. Dit is erg belangrijk voor de winterbijen en het voortbestaan van het volk.

Wat zit hierachter?

Er is sprake van een combinatie van factoren en het is vermeldenswaard dat we het fenomeen van een schoonmaakbeurt vóór de winter alleen opmerkten dankzij het gebruik van de varroalade voor monitoring:

1. De oorzaak is een afname van het werksterbroed, omdat de koningin haar legfrequentie in de herfst vermindert. In figuur 8.1b zie je het aantal ramen met broed afnemen vanaf de tweede helft van juli, omdat de bijen reageren op de afnemende dracht en beschikbaarheid van stuifmeel.
2. Omdat er minder werksterbroedcellen beschikbaar zijn, zitten er meer mijten op de bijen in plaats ervan dat ze zich veilig in de cellen voortplanten. Zoals we hebben gezien tijdens de broedloze periode na de kunstzwerm, vallen mijten af, mogelijk door poetsen, en is er natuurlijke sterfte.
3. Met minder cellen om in te broeden, gaan meerdere moedermijten dezelfde cellen binnen om zich voort te planten. De concurrentie leidt tot een hogere sterfte onder de nakomelingen en een verminderde eierproductie (Martin, 1995). Op de varroalade zal de imker grote aantallen jonge mijten zien (in sommige gevallen vormen ze de helft van de totale mijtval in onze waarnemingen), naast de donkere baksteenrode moedermijten. Er worden meerdere hele families weggehaald. Zie figuur 8.4.

Figuur 8.4: De mijtreductie vóór de winter omvat een groot aandeel jonge mijten, een kenmerk van deze tijd van het jaar. Alleen de moedermijten worden geteld voor onderzoek, omdat zij zich kunnen voortplanten (hoewel veel van hen onvruchtbaar zijn).

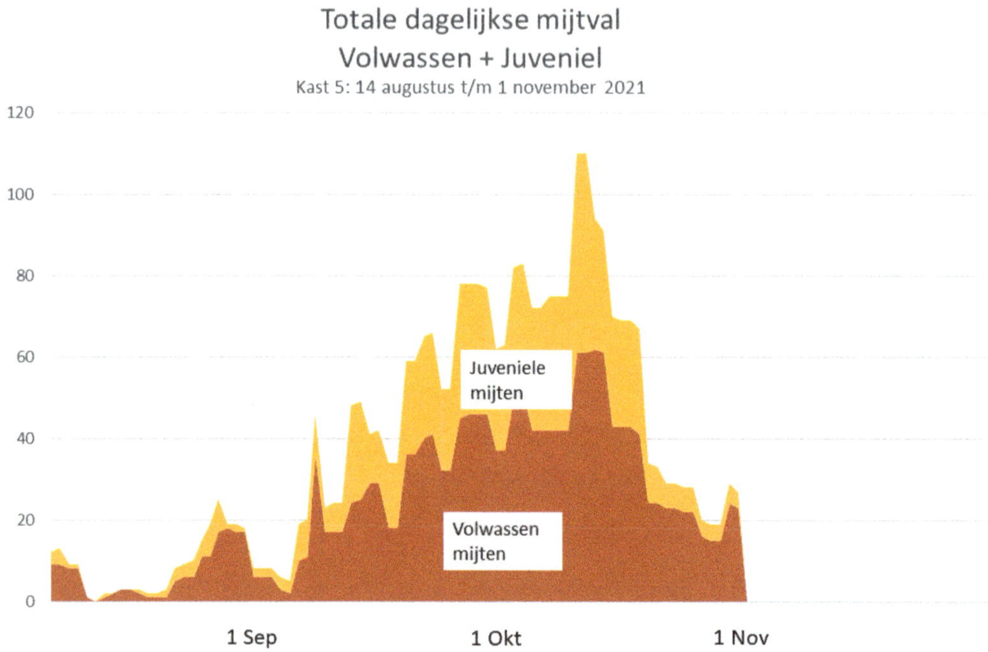

Grafiek: Steve Riley

4. Naast het toegenomen gebruik van propolis rond het broednest in deze tijd van het jaar, wordt de hygiënische activiteit tegen varroa hervat nadat voldoende wintervoorraden zijn verzameld. Torben Schiffer beschrijft deze gedragsverandering als 'Voorraad Veilig' (Natural Bee Husbandry, 2019). Om deze reden, en als wintervoer, wordt een volle honingkamer op onze volken achtergelaten. Als er te veel honing wordt weggehaald, zullen de bijen hun aandacht moeten verleggen van hygiënisch gedrag naar het verzamelen van voorraden.
5. De bijen hebben minder broedcellen om te controleren, dus de nauwkeurigheid van het vinden en verwijderen van mijten in meervoudig besmette cellen zal hoger zijn.
6. Het openen van cellen en het trekken van geïnfecteerd broed is intensief in de periode augustus tot oktober. Dit is te zien tijdens de inspecties aan het einde van het seizoen en de poppenhuidjes bij de controle van de varroalades. Zie afbeelding 8.5.

Figuur 8.5: Tussen de wasresten en wasplaatjes, stuifmeel, propolis en varroa liggen aangevreten en weggegooide poppenhuidjes van de poppen die de hygiënische bijen hebben verwijderd. De bijen storen de voortplanting van varroa.

Foto: Steve Riley

Winterbijen

Dit is de kritieke periode voor het overleven van het volk in de winter. Winterbijen worden (in ons geval) gekweekt van augustus tot eind oktober en moeten gezond genoeg zijn om het volk tot februari, maart en april in stand te houden. De verwachte levensduur van winterbijen wordt geschat op 5 tot 6 à 7 maanden (150 tot 200 dagen: Remolina en Hughes, 2008). Hun belangrijkste taken zijn het reguleren van de nesttemperatuur, het starten van het winterbroed om de eerste jonge bijen te produceren en het uitvoeren de van eerste zoektochten naar stuifmeel, nectar en water na de winter.

Aan het begin van dit project waren we verbaasd over hoe het mogelijk was dat de winterbijen, met zulke hoge aantallen mijten in augustus, tot de lente konden overleven. Onderzoek door Dainat *et al.* (2012) naar overlevende wintervolken toonde een snelle daling van de DWV-belasting aan na het verminderen van het aantal mijten door middel van behandelingen. Afgeleid uit onze ervaring vermindert de intense hygiënische activiteit, die vanaf augustus wordt waargenomen, het aantal varroamijten en daarmee ook de DWV-belasting. Het broed wat daarna in september en oktober worden aangezet, is gezond genoeg om het volk tot het voorjaar te laten voortbestaan. Een grotere tolerantie voor virussen, waaronder DWV, door resistente bijen kan ook een rol spelen (Locke *et al.*, 2021).

Het zou interessant zijn om de DWV-belasting van onze winterbijen te analyseren om te bevestigen dat een snelle afname van mijten leidt tot een afname van de DWV-belasting. Een van de volken van een van de oprichters van het project liet een paar jaar geleden in augustus een piek in de mijtval van 150 mijten per dag zien. Het volk kwam de volgende lente goed door en had vervolgens een goed seizoen. Interessant.

Figuur 8.6: De goede massa winterbijen is duidelijk te zien door een plexiglas dekplaat in bijenkast 8 op een koude 28 januari 2023. Dit is het resultaat van de pre-winter bestrijding van mijten door de bijen in de periode augustus tot oktober.

Foto: Steve Riley

November-december:

Het laatste broed loopt rond de 2e tot 3e week van november uit. Dit weten we door het monitoren van poppenhuidjes op de varroalade. Deze poppen waren 16/17 dagen eerder als eitjes gelegd. Dit is het laatste broed en het zal weinig last hebben gehad van varroa.

Het mijtniveau is nu laag in een resistent volk, dat rustig de winterbroedpauze ingaat. In tegenstelling tot de zwermgerelateerde broedpauze, hoef je geen pieken in de mijtval te verwachten dankzij het opruimen van de varroa tussen augustus en oktober.

In onze regio wordt rond de derde week van december weer nieuw broed aangezet, als het volk de eerste stappen zet om zichzelf in het voorjaar te vervangen. De gedurende de winter overgebleven mijten maken van deze gelegenheid gebruik, de eerste in ongeveer een maand, om het werksterbroed opnieuw binnen te dringen en zich daar te vermenigvuldigen. Hoewel we de bijen die de cellen openen en weer sluiten in deze tijd van het jaar niet in actie zien, zien we wel bewijs op de varroalade van witte poppenhuidjes van weggeknaagde besmette poppen en af en toe een wit achterlijf dat zonder pardon uit de kast wordt geworpen.

De imker zal een geleidelijke daling van de mijtval zien als gevolg van natuurlijke sterfte, gevolgd door een snellere daling, zij het vanaf een laag niveau, wanneer de mijten eind december weer in het nieuwe open broed instappen.

De mijtpopulatie in een volk (met behulp van figuur 8.8)

Een volledig resistent volk zal het jaar eindigen met ongeveer hetzelfde aantal mijten als waarmee het begon. Het niveau van DWV stijgt en daalt naargelang het aantal mijten. De bijen houden de mijten onder controle, en daarmee het DWV, wat resulteert in een evenwicht tussen gastheer en parasiet. En een gelukkige imker!

In een vatbaar volk, dat onvoldoende hygiënisch gedrag tegen de mijten laat zien, zal het aantal mijten aan het einde van het jaar hoger zijn dan aan het begin. Hierdoor is er een groter aantal mijten wat het volgende jaar nog weer verder kan toenemen. Naarmate dit patroon zich herhaalt, raken de bijen geleidelijk overweldigd, wat 2 tot 3 jaar kan duren. Door monitoring kan de imker tijdig ingrijpen.

De onderstaande grafiek (figuur 8.7) illustreert het verschil tussen bijen met een lage of hoge weerstand tegen varroa. Seizoen na seizoen zorgt de groei van varroa in een volk ervoor dat het aantal gevallen van DWV tot gevaarlijke niveaus stijgt. Varroaresistente volken houden daarentegen de groei van het aantal mijten en daarmee ook het aantal gevallen van DWV onder controle. De virusbelasting wordt gemeten in aantallen kopieën. Op de rechterschaal van de grafiek komt de stijging van DWV tot 10^{12} overeen met 1 biljoen kopieën. DWV wordt verhoogd door mijten die kleine hoeveelheden virus injecteren in het gesloten broed, waardoor de levensduur van de later uitlopende volwassen bij wordt verkort.

Figuur 8.7

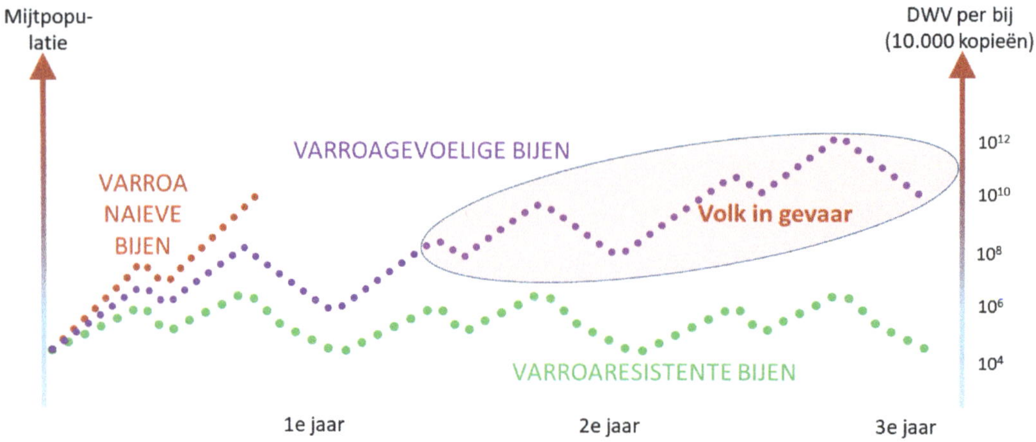

Grafiek: Steve Riley

Voor de imker is de helling van de lijn in de grafiek belangrijk. Aan de hand van de gegevens over de mijtval gedurende het hele jaar en de analyse van kast 1 in figuur 8.1b hebben we de groei en krimp van de aantallen varroa gedurende het seizoen geschat, zoals weergegeven in figuur 8.8 op de volgende pagina.

Interpretatie van de fluctuatie van de mijtaantallen in 2021:

Hieronder de belangrijkste aannames die we hebben gedaan op basis van de verzamelde mijtvalgegevens, de hoeveelheid broed en observaties van de hygiënische activiteiten van bijen tegen varroa:

Januari-februari-maart

- Het hygiënische gedrag van bijen tegen mijten begint wanneer de overwinterde varroa probeert zich voort te planten (imker observeert poppenhuidjes).
- Hoog aantal onvruchtbare mijten (meer dan 40%) als gevolg van onderbroken voortplanting van varroa en hoge sterfte onder mannelijke mijten in de winter (42% tegenover 18% in de zomer).
- Dit resulteert in een mijtenpopulatie die nauwelijks of niet groeit.

April-mei

- Hogere mijtpopulatie door succesvolle voortplanting tijdens het aanzetten van darrenbroed waar de bijen minder of geen hygiënisch gedrag vertonen (N.B. er komen hierdoor minder mijten in het werksterbroed zodat dat steeds verder kan groeien in voorbereiding op het zwermen en op de dracht).
- De mijtgroei wordt gedeeltelijk gecompenseerd door verminderde mijtniveaus tijdens een broedpauze na de (kunst)zwerm; 170 mijten gevonden op de varroalade tijdens de piek van de mijtval.

Juni-juli

- Toename van het aantal mijten door minder hygiënisch gedrag tijdens de sterke zomerdracht. Bij dracht geven de bijen prioriteit aan het aanleggen van wintervoorraden en de voedsters zijn dan vooral bezig met het ontvangen en bewerken van nectar en het opslaan van de honing.

Augustus-september-oktober

- Intense activiteit van de bijen tegen mijten in werksterbroed, waargenomen bij de laatste inspecties (openen van cellen), poppenhuidjes en een hoog percentage jonge mijten op de varroalade.

- Opruimen van mijten in voorbereiding op de winterzit; 661 gevallen mijten geregistreerd van eind augustus tot eind oktober.

November-december

- Geleidelijke afname tot het einde van het jaar door natuurlijke sterfte van mijten, voordat varroamijten zich eind december weer kunnen voortplanten als het volk weer begint te broeden.

Figuur 8.8 hieronder toont de geschatte groei en krimp van de aantallen mijten (in groen) gedurende het jaar voor een varroa-resistent volk. De trend in het aantal mijten is geschat aan de hand van bekende gegevens over mijtval (in geel) en gecorreleerd met de beschikbaarheid van werkster- en darrenbroed..

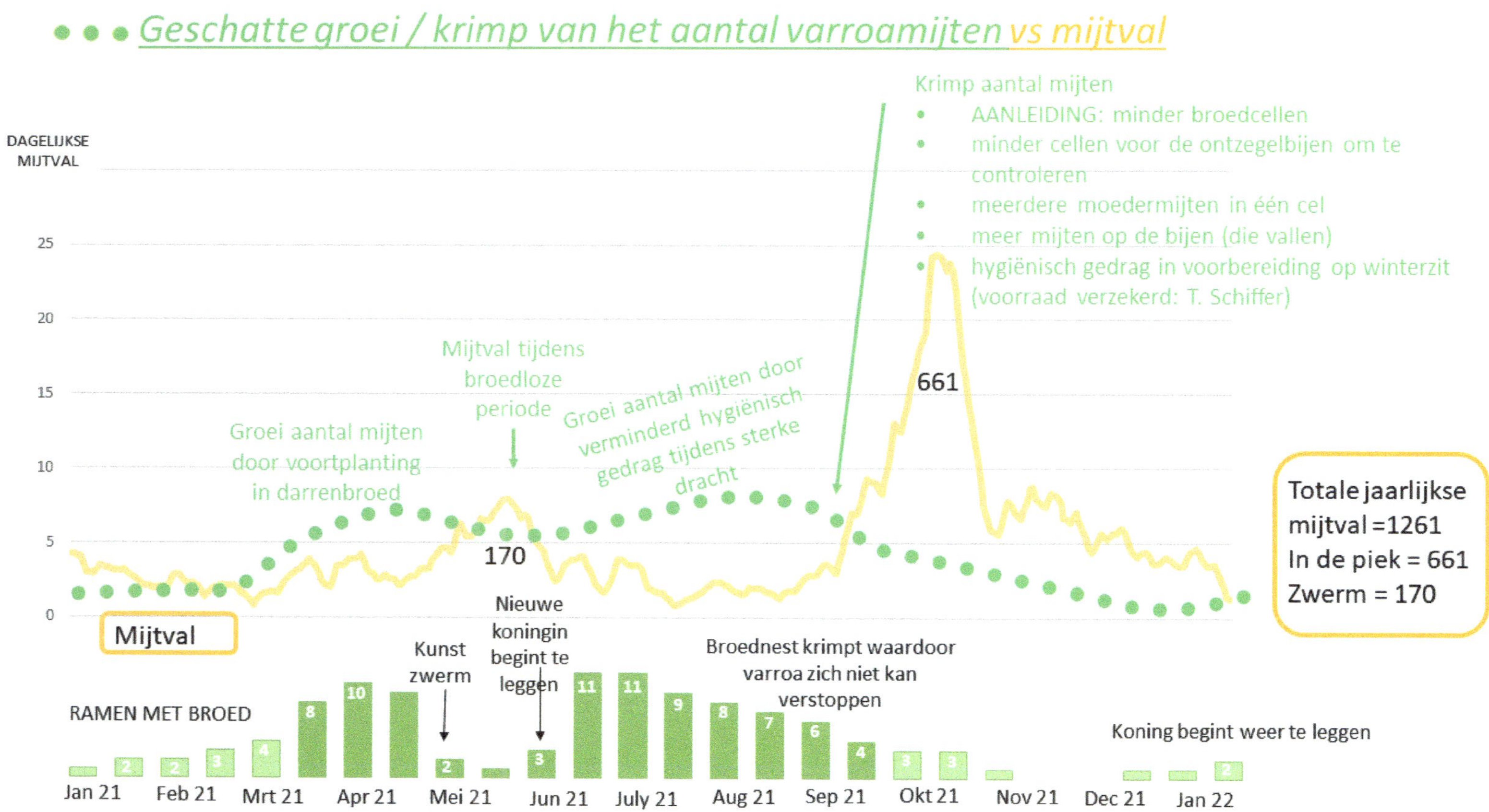

Grafiek: Steve Riley.

9
Factoren die bijdragen aan de gezondheid van het volk

De eerder in dit boek besproken varroaresistentie-eigenschappen richtten zich op de verstoring van de voortplanting van de mijten door de bijen. Er zijn nog andere factoren die bijdragen aan een goede gezondheid van de volken, waarvan we de meeste toepassen in onze bijenhouderij. Samen zijn ze de moeite waard en verminderen ze de stressfactoren voor bijen, maar afzonderlijk zijn ze niet cruciaal voor het verkrijgen van varroaresistente volken.

Natuurlijke selectie:

Volken die door imkers met rust worden gelaten, zullen leven of sterven. Ze hebben ons in hun lange geschiedenis niet nodig gehad, hoewel wij onszelf op de een of andere manier ervan overtuigd hebben dat ze ons wel nodig hebben. *Apis mellifera* heeft een van de hoogste genetische recombinatiepercentages die ooit bij een organisme zijn geregistreerd, mede dankzij polyandrie (d.w.z. dat koninginnen met veel darren paren) (Beye *et al.*, 2006). Dit aanpassingsvermogen is de belangrijkste eigenschap voor het voortbestaan van honingbijen.

Langdurig onbeheerde (of wilde) volken zijn daarom een belangrijke genetische bron. Deze bijen zijn door de zeef van de natuur gegaan en de door mensen gekweekte, vertroetelde bijen zijn al lang geleden gestorven.

Geredde volken uit omgevallen bomen of uit gebouwen weggehaalde volken zijn vaak heel erg gezond. Dit was ondenkbaar in de jaren negentig nadat varroa was gearriveerd. Toen zijn de meeste wilde volken uitgeroeid. Veel van de tegenwoordige varroaresistente volken die gehouden worden door imkers, zijn begonnen met of hebben hun oorsprong in wilde volken. Dit is bijvoorbeeld zo bij de 60-80 volken van Foragers Bee & Honey Company in Worcestershire, de ongeveer 100 volken van Fen Apiaries in Lincolnshire en de ongeveer 500 volken in het noordwesten van Wales (www.varroaresistant.uk casestudy's).

Natuurlijke selectie als strategie is niet erg populair bij imkers. Maar wanneer een langdurig onbeheerd nest wordt gevonden, is er kans op een volk met varroaresistente eigenschappen. Zet de lokkasten maar klaar!

Zodra de imker zijn bijenstal is overgegaan op varroaresistente volken en behandelingen niet langer nodig zijn, staat hij met één been in het kamp van natuurlijke selectie (tijdens de winter) en met het andere been in de beheerde bijenteelt. Op termijn zou dit moeten leiden tot een sterkere, duurzamere honingbij.

Isolatie:

De meesten in onze vereniging gebruiken Britse National- of 14x12 houten bijenkasten (er zijn een paar polystyreen bijenkasten en WBC's). Deze zijn ontworpen om goedkoper te zijn dan de dubbelwandige bijenkasten die populair waren aan het einde van de 19e en het begin van de 20e eeuw, en lichter voor reizende bijenhouders. Het uitstekende werk van Derek Mitchell over de isolerende eigenschappen van natuurlijke nestholten in bomen versus de lage isolatiewaarde van dunwandige houten bijenkasten, bevestigt dat slechte isolatie een stressfactor is voor de bijen (Mitchell, 2023). De bijen moeten harder werken om de temperatuurveranderingen buiten de bijenkast, die van invloed zijn op het interne nest, te compenseren. In de zomerse hitte gebeurt dit door middel van ventileren, waterverdamping en de vorming van een bijenbaard. In de winter, wanneer de temperatuurstress in het Verenigd Koninkrijk het hoogst is, trillen de bijen met hun vliegspieren om warmte te genereren en vormen ze een tros. Deze activiteiten om het kastklimaat te beheersen, kosten honing als brandstof. Ook vermindert het harde werk de levensduur van de bijen ze leidt het ze af van andere activiteiten, zoals hygiënisch gedrag.

Figuur 9.1: Een houten bijenkast met grote rammaat van Dr. T. Rudd, klaar voor de winter. De bijenkast is omwikkeld met zilverkleurig noppenfolie en vervolgens met 4 mm plastic isolatieplaat aan de zijkanten ter bescherming tegen de wind. Een extra honingkamer boven de dekplank bevat schapenwol en een PIR dakisolatieplaat onder het dak. In het complexe fysische samenspel van warmteontwikkeling, isolatie, condensatie en ventilatie lijkt dit zeer goed te werken. De volken zijn onbehandeld (6 jaar) en vertonen varroaresistente eigenschappen. Er is in die periode slechts 1 volk verloren in de bijenstal met 4-6 volken.

Foto: Dr. T. Rudd

In tegenstelling hierop meldt Clive Hudson vanuit Noordwest-Wales (het grootste gebied met varroaresistentie in het Verenigd Koninkrijk) dat er voornamelijk houten "national" en "commercial" kasten zonder gaasbodems worden gebruikt. Er wordt weinig of geen isolatie toegepast in hun milde, gematigde klimaat.

Een ander interessant artikel ging over de honingbijen in het Arnot Forest in de VS, die werden geobserveerd door Tom Seeley. De bijen bevonden zich in boomholtes. Deze holtes hadden hoge, thermodynamisch gunstige vormen met goede isolatie. Deze goede warmte-eigenschappen konden echter niet voorkomen dat een groot deel van de volken stierf toen de varroamijt zijn intrede deed. De meeste bijen misten de belangrijkste eigenschappen om de varroamijt te overleven.

Voor de goede orde: imkers in Westerham gebruiken meestal het hele jaar door isolatie in het dak (hetzelfde principe als zolderisolatie) en sommigen voegen kurkinzetstukken toe aan de handgrepen van National kasten. De beste isolatie is een pur/pirplaat op de dekplank in de winter, omdat in deze tijd van het jaar de grootste temperatuurstress optreedt omdat het volk dan het kleinst is. We zochten naar goedkope en eenvoudige isolatieverbeteringen voor onze bestaande (voornamelijk) houten bijenkasten.

Meestal wordt een volle honingkamer voor de winter op het volk gelaten. De bijen bewegen van nature naar boven zodra het broeden in december weer begint. Wintervoer boven de bijen geeft ook een kleinere kans dat bijen losraken van het voer dan wanneer het voer in de ramen zit naast de tros.

Broedonderbrekingen:

Varroamijten hebben het broed van de honingbijen nodig om zich voort te planten, dus broedonderbrekingen zijn zeer gunstig voor het volk. Ze stoppen de voortplanting van de mijten tijdelijk. Dit remt de ontwikkeling van het aantal varroamijten en daardoor wordt de verspreiding van het verkreukelde vleugelvirus ook minder. Broedonderbrekingen belemmeren ook de groei van andere broed gerelateerde ziekten. Het tegengestelde gebeurt ook bij imkers die proberen het zwermen te voorkomen (grotere mijttoename en viruslast).

Een broedonderbreking dwingt mijten die uit het gesloten broed komen om hun toevlucht te zoeken op de bijen. De mijten zijn experts in het zich verstoppen tussen de pantserplaten aan de buikzijde van de bij en ze profiteren van een chemische camouflage die de geur van de honingbij imiteert. De mijten zijn echter kwetsbaar om te vallen wanneer ze zich tussen de bijen bewegen, wat leidt tot een vermindering van de mijtenpopulatie.

We zien altijd een piek in het aantal mijten dat valt tijdens een broedpauze. Dit is goed nieuws voor de imker. De meeste mijten overleven echter de broedpauze en besmetten het broed opnieuw wanneer de nieuwe koningin begint met leggen. Het aantal broedpauzes in een typisch seizoen, inclusief die als gevolg van een drachtpauze of het vollopen van de raten tijdens zware dracht, is in de loop van de millennia waarschijnlijk niet veel veranderd. Volken hebben altijd geprofiteerd van broedpauzes, maar dat hielp hen niet toen varroa voor het eerst verscheen. Broedpauzes dragen bij aan de gezondheid van het volk, maar bijen hebben andere acties nodig om resistent te zijn tegen varroa.

Propolis:

Bijen verspillen geen energie en hulpbronnen. Propolis verzamelen kost een aanzienlijke inspanning: harsen worden verzameld van bomen en struiken, door andere bijen in het nest van de achterpoten geschraapt, tot propolis verwerkt en vervolgens door de bijen op hun plaats aangebracht en in de juiste vorm geboetseerd.

In natuurlijke nesten wordt propolis in grote hoeveelheden gebruikt bij de ingangen en om de binnenwanden te bedekken. Tom Seeley noemt dit de 'propolishuls' rond het nest in boomholtes. Onderzoek onder leiding van Marla Spivak (Simone-Finstrom en Spivak, 2010) kon aantonen dat de antimicrobiële eigenschappen van propolis ervoor zorgt dat bijen hun immuunsysteem minder hoeven aan te spreken. Dit leidt tot een betere overlevingskans van het volk, meer broed in het voorjaar en een betere voedingsstatus van jonge werksters die het broed voeden.

Als imkers kunnen we de binnenkant van onze broedkasten ruw maken om het aanbrengen van meer propolis aan te moedigen. Het zal bijdragen aan een gezondere leefomgeving voor honingbijen. Net als betere isolatie zien we propolis als positief voor de gezondheid, maar niet direct gekoppeld aan de reden waarom er minder varroa in de volken zit.

Figuur 9.2: Rode propolis gebruikt rond de ingang van het bijenvolk in een boomholte.

Foto door Adrian Newell bij het Boughton Estate Honey Bee Conservation Project.

Minder in de volken werken:

Imkers inspecteren volken om te controleren op zwermen, gezondheid, ruimte, om van te leren of uit nieuwsgierigheid of omdat ze geleerd hebben om regelmatig in de bijenkasten te kijken en dit past in hun beschikbare tijd. De bemoeienissen van de imker kost het volk echter wel wat. Bijen regelen op vakkundige wijze de temperatuur, vochtigheid en CO2-niveaus rondom het broednest. Het afnemen van de dekplank is een stressfactor voor het volk en dat leidt ze af van de normale taken. Het broednest wordt uit elkaar gehaald om de raten te bekijken en de propoliszegels worden erdoor verbroken.

Een meer ervaren imker kan toe met minder inspecties. We kunnen al veel te weten komen door slechts 1 of 2 broedraam te bekijken, te observeren bij het vlieggat of door de varroalades te controleren. Vermindert inspectie het vermogen van de bijen om met varroa om te gaan? Nee. Hoe weten we dit? De imkers in de casestudy's in het gedeelte over isolatie (hierboven) voeren inspecties uit (niet vaak) en beoefenen gewone bijenhouderij, inclusief het oogsten van honing.

Net als wij bij de Westerham imkers. Het nauwlettend monitoren van het broednest heeft zelfs veel onthuld over hoe onze bijen varroa aanpakken.

Samenvatting

Er is altijd veel discussie in imkerkringen over de beste manier om bijen te houden. Onze leidraad is hoe de bijen van nature leven, maar wel met enkele compromissen die gepaard gaan met de imkerij.

Het creëren van een optimale omgeving zal bijdragen aan de gezondheid en langlevendheid van het volk. Dit betekent dat bijen hun eigen honing eten, omringd zijn door propolis, niet (te veel) gestoord worden. Daarnaast bevordert het leven in een goedgeïsoleerde woning, met kleine, verdedigbare ingang zonder open bodem het welzijn. Daarnaast moet de bijen zijn aangepast aan de lokale flora, het microklimaat en het ongedierte wat er voorkomt.

Het toevoegen van varroaresistentie-eigenschappen maakt de lijst compleet.

10

Selectieproces en de verspreiding van varroaresistentie

Om te weten welke volken hun eigen mijtpopulaties onder controle hebben, moet de imker zich een oordeel vormen op basis van gegevens over het gedrag van het volk en aantallen mijten. De imker kan dan bepalen welke volken voldoende varroaresistentie-eigenschappen hebben en welke niet.

Het monitoren en de selectie van volken moet een snelle verandering op de bijenstand veroorzaken. Op de bijenstand komen steeds meer volken met varroaresistentie-eigenschappen, terwijl de slechtste volken verdwijnen (bijvoorbeeld door het vervangen van de koningin).

Dit hoofdstuk gaat over ons doorlopende selectieproces. Dit verschilt van het proces dat een imker doorloopt die gaat stoppen met behandelen. Dat wordt behandeld in hoofdstuk 15.

We richten ons op drie dingen bij de beoordeling van volken:

1) Het vermogen van de bijen om de varroa onder controle te houden

2) De ontwikkeling van het broednest in het voorjaar en de haaldrift

3) De zachtaardigheid

Deze worden hieronder besproken. Let erop dat je niet te veel selectiecriteria neemt. Hierdoor kan het selectieproces onoverzichtelijk en onrealistisch worden. Houd het eenvoudig.

1) Het vermogen van de bijen varroa onder controle te houden

De bijen moeten overwinteren zonder varroabestrijding door de imker. Geen behandelingen, ook geen darrenbroed snijden of andere biotechnische maatregelen. In de overstap naar behandelingsvrij imkeren zijn biotechische ingrepen misschien wel een goed idee. Wij accepteren (kunstmatig) zwermen als onderdeel van de natuurlijke cyclus van bijen en niet als een methode om het aantal mijten te verminderen.

Idealiter moet de koningin (of haar dochters), voordat ze teeltmoer wordt, een trackrecord van drie jaar in je imkerij hebben of even lang als ze bij een imker in de buurt wordt gehaald.

In de beginjaren van de overgang van behandelde naar onbehandelde volken is dit misschien niet mogelijk. Het verzamelen van zwermen uit langdurig overlevende wilde volken kan het proces versnellen.

De imker moet letten op het openen van het werkstersbroed door de bijen in het volk en poppenhuidjes op de varroalade, want dit resulteert in een laag aantal mijten.

Het zien van maar enkele geopende cellen is onvoldoende bewijs, omdat dit het zoekproces van de bijen is, en ook volken die vatbaar zijn voor mijten dit op een laag niveau doen. Het uitknagen van poppen is de sleutel tot het onderbreken van de voortplanting van mijten en een laag aantal mijten is het bewijs dat er voldoende bijenactiviteit is tegen varroa.

De resultaten van de monitoring worden vastgelegd op de kastkaart en geïntegreerd in de dagelijkse imkerpraktijk. De informatie op de kastkaart is de basis voor de selectie.

Figuur 10.1: Eenvoudige aanpassingen aan de kastkaart om varroaresistentie-eigenschappen te monitoren om er de selectie van teeltmoeren op te baseren. Deze kaart kan gratis worden gedownload op de website van de Westerham bijenhouders

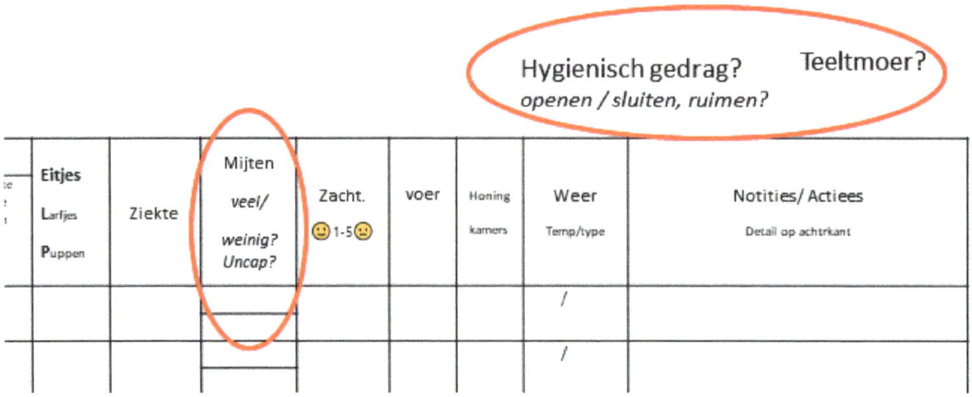

2) Ontwikkeling van het broed en de haaldrift in het voorjaar

De sterkte van het volk in het voorjaar is een algemene indicator voor een goede gezondheid en geeft aan dat het volk goed heeft overwinterd. Dit is een belangrijke richtlijn in de eerste jaren, wanneer de imker afstapt van behandelingen. Gezond broed moet zich sterk ontwikkelen met het vele nectar en het stuifmeel dat binnenkomt.

Waarschuwingssignalen zijn onder meer:

- Langzamere opbouw in vergelijking met andere volken van vergelijkbare grootte in de bijenstal.
- Toenemend aantal mijten (bijv. meer dan 20 per dag).
- Tekenen van DWV, zoals gekreukelde vleugeltjes en bijen die uit de vliegspleet vallen (of er uit worden gegooid) en over de grond wegkruipen van de kast.

Aan het einde van dit hoofdstuk is een paragraaf gewijd aan beheersopties voor volken die vatbaar zijn voor mijten.

3) Zachtaardigheid

Dit heeft niets te maken met het varroa-project, maar het is wel handig als een volk beheersbaar en plezierig is voor de imker en geen overlast veroorzaakt voor buren, andere gebruikers van je tuin, volkstuin of andere mensen in de buurt.

Onze bijen worden beoordeeld op een schaal van 1 tot 5. 1 - bijen zijn rustig en stil op de raat (dit is zeldzaam!). Volken die een 5 krijgen zijn al erg defensief op een afstand, steken snel en jagen achtervolgers na. Let wel op dat de scoringsschaal van de Westerham imkers precies omgekeerd is dan bij Buckfast (5 het beste) of Carnica (4 het beste).

Meestal vallen onze volken in het bereik van 2 tot 3, waarbij rekening wordt gehouden met incidenteel slecht gedrag als gevolg van het weer of tijdens een drachtpauze.

We zien geen verband tussen zachtaardigheid en varroaresistentie, dus selecteren we bijen die op beide vlakken goed zijn.

Figuur 10.2: Het teeltprotocol legt de nadruk op resistentie-eigenschappen op een stand. Punten 4 en 5 zorgen ervoor dat andere belangrijke eigenschappen niet verloren gaan.

Selectieprotocol:-

1. Goed overwinteren <u>zonder</u> behandeling tegen mijten door de imker
2. Zien van het openen en sluiten van cellen en het ruimen van besmet broed
3. Lage aantallen mijten vooral na een sterke ontwikkeling van het broed — Bevestigt het resultaat van hygiënisch gedrag
4. Gezondheid in het voorjaar: goede broedontwikkeling en haalgedrag
5. Zachtaardigheid

(4 en 5:) belangrijk om andere gunstige eigenschappen niet te verliezen

Sluit het selecteren op varroaresistentie andere gewenste eigenschappen uit?

Dit is een vraag die we vaak krijgen. Het antwoord is "dat weten we niet". Meestal zien we goede allround bijen die goed zijn in gewenste eigenschappen (goede haaldrift, goede broedontwikkeling, varroaresistent, zachtaardig). Er is af en toe een uitschieter, die overdreven defensief is of onvoldoende varroaresistentie heeft. Beide zijn gemakkelijk te herkennen en kunnen op de juiste manier worden aangepakt.

Onze onbevruchte koninginnen zijn afkomstig uit lokaal aangepaste volken en zijn standbevrucht in ons gebied. Ze hebben 50% van hun genen van hun moeder en 50% van verschillende lokale darren (waarop we invloed proberen uit te oefenen). Samen produceren ze een breed scala aan eigenschappen en zorgen ze collectief voor voorspelbaarheid in onze volken.

Ik stelde dezelfde vraag aan Clive Hudson in het noordwesten van Wales, waar ze vanaf 2008 zijn gestopt met behandelen, en het antwoord was hetzelfde. Clive is van mening dat het gedurende vele jaren gebruiken van lokale bijen hun bijenpopulatie heeft gestabiliseerd, wat heeft geleid tot consistenter gedrag.

Een verlies van eigenschappen zou voor ons meer een punt van zorg zijn bij ingeteelde, met de darren van 1 volk geïnsemineerde koninginnen. Deze zijn er om commercieel te worden verkocht en missen de diversiteit om stabiel te zijn bij standbevruchting, zo is onze ongelukkige ervaring.

Erfelijkheid van resistentie

Een interessant kenmerk van onze koninginnen is de sterke erfelijkheid van de varroaresistentie eigenschappen, d.w.z. ze worden consistent doorgegeven van moeder op dochter. Dit is iets wat we in al onze imkerijen hebben vastgesteld, waarvan er veel redelijk geïsoleerd liggen. Hetzelfde werd ook gemeld door de Foragers Bee & Honey Company in Worcestershire (www.varroaresistant.uk). Goed nieuws voor degenen die hun eigen koninginnen telen en waarbij deze standbevrucht worden (zoals bij ons).

Slechts een deel van de huisbijen hoeft in staat te zijn om varroanakomelingen te herkennen en deze vormen slechts een 'klein deel van het genoom van de bijen' volgens Dr. J Harbo (zie https://www.harbobeeco.com), die het USDA-project over varroaresistentie leidde. Een alternatieve theorie is dat de varroaherkennende bijen een bepaalde leeftijdsgroep is (bijen van ongeveer 11 dagen oud).

Het is handig om een groep van lokale imkers te hebben met dezelfde selectiedoelen, maar dat is niet zo eenvoudig te realiseren. We proberen ook de lokale bevruchtingen van de koninginnen te beïnvloeden door de productie van darren te stimuleren (Hoofdstuk 11).

Figuur 10.3: Het samen met andere lokale imkers afstemmen van de selectiemethoden verankert de resistentie-eigenschappen in een gebied.

Kaart: Google, Maxar Technology.

Wat te doen met varroagevoelige volken?

Zodra de imker begint met het controleren op het openen en ruimen van poppen en op de mijtval, wordt het gauw duidelijk welke van je volken een lage weerstand tegen varroa hebben. De mijtval zal snel toenemen en er kunnen tekenen zijn van het verkreukelde vleugelvirus in de kast. Je wilt deze volken niet in je bijenstal of in het bevruchtingsgebied van de jonge koninginnen hebben. Nu zijn imkers over het algemeen niet erg goed in het nemen van moeilijke beslissingen over hun volken. Meestal juist het tegenovergestelde. Ons advies is om er op dezelfde manier naar te kijken als je naar een agressief, stekerig volk zou kijken. Wees proactief en kordaat, zodat varroaresistentie in de bijenstal steeds beter wordt, terwijl je de slechtste volken verwijdert (nieuwe koningin geven). Hier zijn enkele opties om om te gaan met mijtgevoelige volken in verschillende stadia van het seizoen:

Lente (maart-mei):

Dit is het beste moment om actie te ondernemen en dit zijn de opties:

1. Vervang de koningin uit het gevoelige volk door dochters van je beste bewezen hygiënische volk. Dit geeft het volk tijd om het mijtenaantallen gedurende de rest van het seizoen onder controle te krijgen.

   Als er op dat moment geen reservekoninginnen beschikbaar zijn, verwijder dan de koningin in de slechte volken(n) en verwijder na een week eventuele redcellen die zijn aangezet. Geef het hopeloos moerloze volk daarna een raam met eitjes en larven van je beste volk.

2. Verwijder darren(broed) van de oude koningin om hun invloed op standbevruchting te verminderen en te voorkomen dat varroagevoeligheid verder wordt verspreid.

3. Als de varroa ernstig uit de hand loopt (bijvoorbeeld een mijtval van meer dan 20 per dag), overweeg dan om het gesloten broed te verwijderen (dat vol zal zitten met mijten) en te vervangen door lege uitgebouwde raten of, bij gebrek daaraan, met kunstraat. Of behandel eerst, voordat je het volk een nieuwe koningin geeft.

4. Reis met de bijen naar een plek buiten het gebied - dit deden we met kast 8 in figuur 10.4 hieronder.

Figuur 10.4: Tellingen gedurende het voorjaar laten de verschillen zien in hoe volken omgaan met varroa. De grafiek toont de cumulatieve mijtval van het late winterseizoen tot het voorjaar bij vijf volken allemaal in British National broedkamers (d.w.z. volken van ongeveer dezelfde grootte). Er was geen winterbehandeling toegepast.

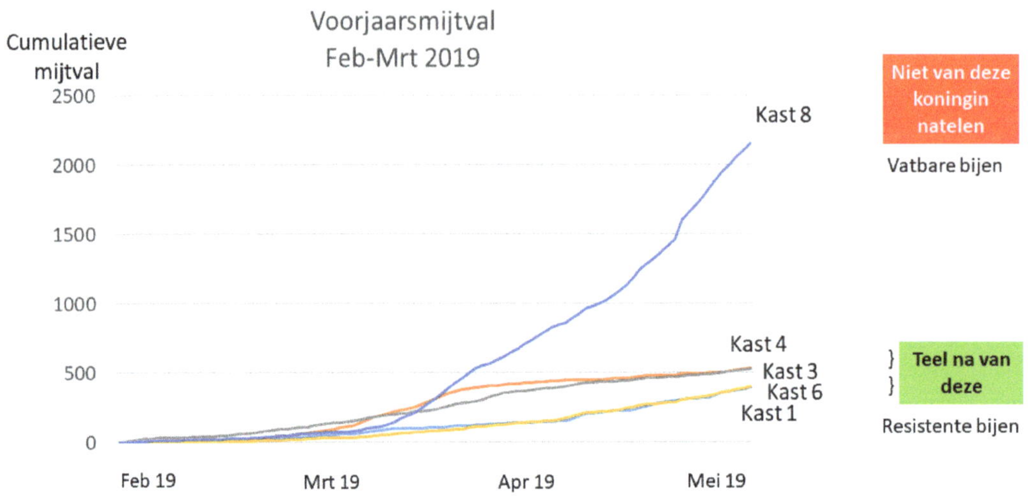

Grafiek:Steve Riley.

De cumulatieve mijtval van kast 8 was meer dan 2.200 in 3 maanden, vergeleken met ongeveer 500 of minder bij de andere volken. In dit geval werd het volk buiten gebied verplaatst naar een imker die zijn volken wel behandelt. Vroeger zouden wij ook verwoede pogingen hebben gedaan om het volk te behouden, en als dat gelukt was, zou de lage weerstand tegen varroa door darren en zwermen verder verspreid worden in ons gebied. Deze mijttellingen werden vroeg in ons project gedaan. Tegenwoordig zien we zelden volken met zulke hoge aantallen varroa in het voorjaar.

Zomer (juni-augustus):

1. Verminder mijten met biotechnische methoden (bijv. arrestraam of totale broedbroedafname) of behandel na de honingoogst. Belangrijk om volgend voorjaar een nieuwe koningin te geven.

2. Knijp de koningin dood, verwijder gesloten broed of behandel, en verenig daarna met een resistent volk.

Herfst (sep-okt):

Het kan al te laat zijn om nog actie te ondernemen, aangezien de verwachte levensduur van winterbijen lager is bij een hoge varroabesmetting.

1. Imkersgebed (natuurlijke selectie is mijn vriend). Bijen verrassen ons vaak. We hebben volken gehad met duizelingwekkende aantallen mijten (bijv. 150 per dag in de herfst) in de beginperiode van het project en ze kunnen dit soms overleven. Vervang in het voorjaar de koningin tenzij de mijtaantallen drastisch zijn gedaald.

2. Behandel en bid; geef het volk in het volgend voorjaar een nieuwe koningin. Dit is de optie met lager risico en hoewel het misschien te laat is om de overwinteringskansen te verbeteren, zal het de verspreiding van mijten in de bijenstal verminderen als het volk uitvalt.

11

Darren: De spil voor varroaresistentie-eigenschappen

We zien darren als een belangrijke lokale bron voor de verspreiding van varroaresistentie-eigenschappen in het gebied. Ze vormen gezamenlijk 50% van de genetica in een volk. Telers beweren dat darren minstens zo belangrijk zijn als koninginnen en doen er alles aan om fitte en gezonde darren te produceren.

In een omgeving waarin de imker weinig doet aan het verminderen van de varroa, zullen de volken met de hoogste afweer tegen mijten de laagste mijtbelasting hebben. Zij zullen fitte darren voortbrengen (minder mijten en DWV) en hebben meer kans om succesvol hun genen door te geven in de darrenverzamelplaatsen. Darren uit besmette volken bleken lichter te zijn en lichtere testes te hebben (Omar, 2017). Fitte en gezonde darren zijn een belangrijke spil in het verspreiden van de varroaresistentie.

We streven ernaar onze darren veel kansen te geven tijdens de teelt door te zorgen dat ze gezond kunnen opgroeien tot fitte rijpe darren. Dit doen we door gezonde darrenraat te laten bouwen in de volken. Als onbevruchte koninginnen in de omgeving met 10-15 darren gaan paren, willen we dat die van ons erbij zitten. Dit betekent dat darren ruimschoots beschikbaar moeten zijn vanaf het begin van het seizoen voor vroege zwermen (eind april) tot aan de belangrijkste hoofdzwermperiode (mei-juni voor ons) en aan het einde van het seizoen voor late stille moerwisselingen.

Er waren een aantal darren-gerelateerde problemen die we wilden aanpakken:

- Effect van mijtbestrijdingsmiddelen op de gezondheid van de darren.
- Darren aanzetten in werkstercellen.
- Te weinig darren in vergelijking met wat natuurlijk is in een volk. Dit kan tot wel 20% van het broed in een volk zijn (Page, 1981).

Effect van mijtbestrijdingsmiddelen op de gezondheid van darren

Onderzoek heeft aangetoond dat besmetting van kunstraat met mijtbestrijdingsmiddelen invloed heeft op darren:

- Ontwikkeling (De Guzman et al., 1999).
- Overleving (Rinderer et al., 1999).
- Spermaproductie (Fell en Tignor, 2001).
- Spermakwaliteit (Fisher II en Rangel, 2018).

Als imkers waarvan de volken geen behandeling nodig hebben, maken we ons zorgen over commercieel beschikbare kunstraat (zelf kunstraat maken uit zegelwas is een goede oplossing, maar een hoop werk). We hebben nog geen analyse gezien van Engelse kunstraat. Uitgaande van het feit dat het merendeel afkomstig is van imkers die behandelen met bestrijdingsmiddelen, zal de hoeveelheid bestrijdingsmiddelen lijken op die in de uitgebouwde raat en kunstraat in Amerikaanse en Canadese kasten. Uit die kasten was 98% van de wasmonsters besmet met pesticiden (Mullin et al., 2010). De meest voorkomende pesticiden in de was waren de door imkers toegepaste bestrijdingsmiddelen tegen mijten (Payne et al., 2019).

Darren hebben de langste ontwikkelingsduur van alle bijen in het volk. Van ei tot volwassen dar duurt de ontwikkeling 24 dagen. Dit gebeurt allemaal in de was van de raat. Gedurende deze tijd wordt hun sperma geproduceerd van het larfstadium tot aan de verpoppingsfase (Bishop, 1920). De volwassen darren lopen uit met al het sperma dat ze ooit zullen produceren (Baer, 2005). Gezien de potentiële impact op de seksuele gezondheid van darren leek het een voor de hand liggende oplossing om bijen zelf darrenraat te laten produceren.

Darren kweken in werksterraat

Darren zijn meer dan twee keer zo groot als werksters. Toch worden de meeste darrencellen op getrokken op werksterkunstraat. Deze kunstraat heeft meestal een celgrootte van 5,4 mm in diameter, terwijl darrencellen vaak groter zijn dan 6 mm tot bijna 7 mm. Uit deze noodgedwongen kleinere cellen kunnen kortere en kleinere darren komen. Kleinere darren hebben minder sperma en lukt het vaak niet om te paren (Gencer en Kahya, 2020).

Ook hier ligt de oplossing in natuurlijke raatbouw, bijen bouwen graag en goede darrenraat in een leeg raam, of in darrenkunstraat, gemaakt van zegelwas.

Tot ongeveer 20% minder darren in vergelijking met het natuurlijke niveau.

In onze gehouden volken, of in kasten zonder volledige natuurbouw, is het lastig om het juiste aantal darren te krijgen. Wat we wel weten, is dat wanneer een volk de kans krijgt om extra darrenraat te bouwen, ze dat doet. Door in het voorjaar een leeg broedraam (zonder kunstraat) aan de buitenkant van het broednest te hangen (figuur 11.1), maken de bijen meestal snel darrenraat van het juiste formaat. Dat is een signaal van het volk aan de imker. Met slechts kleine moeite kan de imker meer gezonde darren produceren en daarmee beter bevruchte koninginnen.

Figuur 11.1: Een raam met darren. Het broedraam heeft geen kunstraat en de bijen maken zelf de raat. Het resultaat zijn prachtig gemaakte cellen van de juiste maat in gezonde, zuivere bijenwas die duizenden darren voortbrengt. Zie figuur. 14.4 voor de constructie van het raam.

Foto; Steve Riley.

Aan het einde van het darrenseizoen, wordt het darrenraam verder naar de buitenkant van de kast verplaatst en worden de grotere darrencellen efficiënt gebruikt voor honingopslag. Dit is een enigszins gemanipuleerde versie van wat er gebeurt in wilde volken.

Historische slechte reputatie van darren

Veel van de vroegere slechte reputatie van darren komt voort uit een focus op de korte termijn. Een daarvan is het bestrijden van de varroa door darrenbroed te snijden. Hoewel dit in het seizoen wel werkt, kan het bijdragen aan slecht bevruchte koninginnen. Een positievere benadering is het aanpakken van de oorzaak waardoor de mijtenbelasting hoog is en beginnen met selecteren op varroaresistentie. Andere kritiek die de darren te verduren krijgen, is dat ze veel energie en voeding kosten. Waar! Maar uit onze ervaring blijken volken met veel darren ook de sterkste en grootste honingproducenten te zijn. Hoogwaardige, gezonde darren zullen de vruchtbaarheid en productiviteit van jonge koninginnen ten goede komen. Het aandeel van de darren in een goede vruchtbare koningin is voor een imker misschien minder duidelijk, maar daarom niet minder belangrijk.

12

Duurzame imkerij met varroaresistente bijen

We kopen nooit bijen en verwachten dit ook niet te doen. De uitzondering voor sommigen van ons waren de eerste afleggers toen ze begonnen met imkeren. Zelfredzaamheid is een belangrijk element van controle en invloed wanneer je varroaresistentie in je gebied wilt verankeren.

Wat bedoelen we met een duurzame imkerij? Voor ons houdt het in:

- Het selecteren en zelf telen van koninginnen (houd het eenvoudig).
- Het maken van reserveafleggers om in te winteren.
- Voortdurend de kwaliteit van je bijen verbeteren – dit kan onder andere zachtaardigheid, ziekte- en varroaresistentie betekenen.
- Effectieve zwermbeheersing met kunstzwermen.
- Gebruik maken van je eigen lokaal aangepaste bijen.
- Imkers die elkaar helpen als er overschotten of tekorten aan bijen zijn.

In feite ben je er niet van afhankelijk volken te kopen of zwermen te scheppen uit onbekende bronnen. Je hebt invloed op de eigenschappen in je bijenstal, met name voor varroaresistentie. Je hebt zo ook invloed op die in de omgeving, houdt je kosten laag en je hebt een back-up wanneer dingen niet volgens plan verlopen. We weten allemaal dat dat een veel voorkomende situatie is bij het houden van bijen. Van elke hoofdvolk wordt verwacht dat het een aflegger levert, of er in ieder geval aan bijdraagt door ramen broed te geven.

Kunstzwerm in een 6-ramer

We merken dat de eenvoud van de kunstzwermmethode veel voordelen heeft:

- Effectieve zwermcontrole.
- Een voorraad reservekoninginnen.
- Het houdt de volkssterkte op peil om de honingopbrengst te maximaliseren.

Het wegnemen van de leggende koningin met een broedaflegger voorkomt dat de bijen gaan zwermen. We doen dit met een raam gesloten broed met opzittende bijen en een raam voer ook met opzittende bijen. Een raam gesloten broed heeft weinig verzorging nodig en met het uitlopen begint het volkje meteen te groeien. Naarmate de aflegger groeit kan er kunstraat worden gegeven of een leeg raam zodat het natuurbouw kan maken. Hierdoor wordt het volkje gestimuleerd om uit te groeien tot een inwinterbaar volk of om iets anders mee te doen. Als in het hoofdvolk geen jonge koningin aan de leg komt, is het makkelijke de aflegger en het hoofvolk weer te verenigen. Het hoofdvolk is erg sterk en zal door de vele pleegbijen veel goed doorvoede moerdoppen produceren. Zodra deze gesloten zijn (meestal zo'n 5 tot 7 dagen na het nemen van de aflegger), snijden we er een paar, waar we makkelijk bij kunnen, uit en doen deze in kooitjes. Deze gaan in een broedstoof met een temperatuur van 35°C met een bakje water voor de luchtvochtigheid. Een broedstoof verdient zichzelf heel snel terug. Misschien is het een goed idee om er één te kopen voor de vereniging of met de teeltgroep.

Figuur 12.1: Gesloten moerdoppen die van een broedraam zijn gesneden en in de broedmachine geplaatst. Dit is een oude Brinsea-broedmachine voor kippen- of hoendereieren.

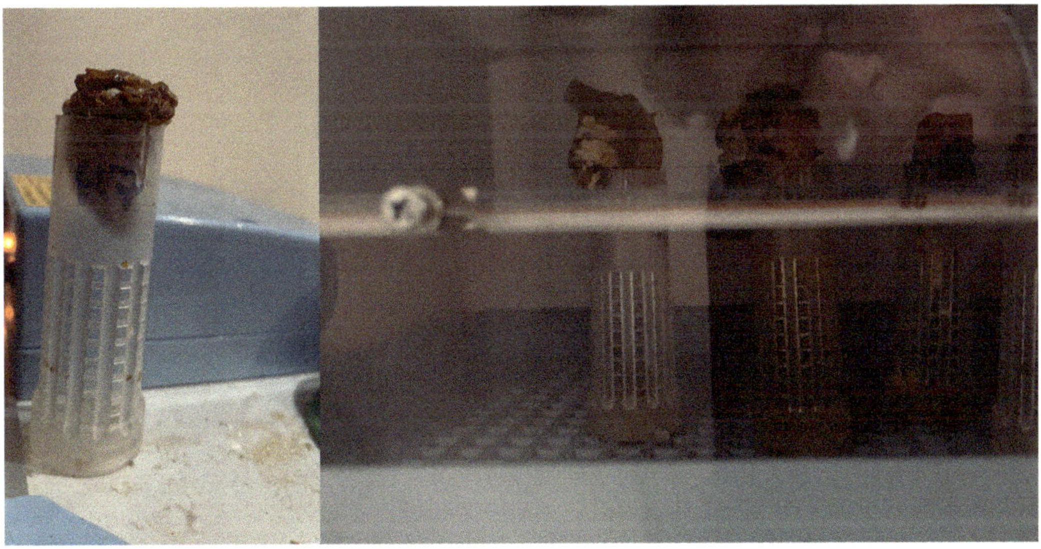

Foto: Steve Riley.

Na het uitlopen zullen de koninginnen zich voeden met resten van koninginnengelei in de koninginnencel, maar we voegen ook honing toe in de bodem van het kooitje. Als je geen broedstoof hebt, kun je ook wachten tot de doppen rijp zijn (dag 13+). Deze doppen zijn bijna zo goed als net uitgelopen koninginnen, je kunt ze alleen niet zo makkelijk uitdelen aan andere imkers. We komen af en toe een slechte koninginnencel tegen door het zwarte koninginnencelvirus of een ander probleem.

Desalniettemin gebruiken imkercollega's met succes rijpe moerdoppen om koninginnen in afleggers te doen. We noemen deze moerdoppen de 'Keuze van de bijen', een uitdrukking ontleend aan Sam Comfort van Anarchy Apiaries. Bijen kweken hun eigen toekomstige koninginnen, in plaats van dat deze door andere bijen in een koninginnenteelt worden grootgebracht. Deze auteur heeft een tijdlang koninginnen geteeld in moergoede volken (methode van Ben Harden), maar merkte dat te veel van de uiteindelijke koninginnen vroeg gewisseld werden. Dit kan een weerspiegeling zijn van de vaardigheden van de imker, maar misschien hebben de bijen bij de selectie van een goede koningin meer criteria dan alleen de leeftijd en grootte van de larven...

In het hoofdvolk blijft, na het nemen van een kunstzwerm, de haalsterkte volledig intact en wordt nectar boven het broednest opgeslagen en stuifmeel in de broedramen bewaard.

Figuur 12.2: Gebruik van de zwermdrift en het maken van een kunstzwerm van een volk om moerdoppen te produceren.

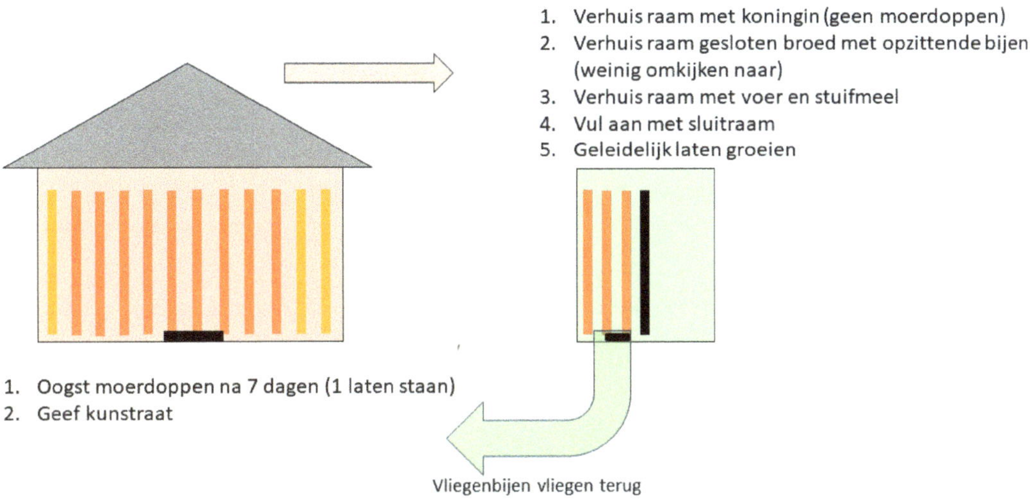

Diagram: Steve Riley.

In imkercursussen werd, ook bij onze vereniging, aangeraden om maar één moerdop over te laten in het hoofdvolk. Dit leek ons een verschrikkelijke verspilling. We hebben met het uitsnijden van doppen een heel eenvoudige methode om extra koninginnen te krijgen voor eigen gebruik of om te delen met verenigingsleden in de omgeving.

Reservekoninginnen om extra afleggertjes mee te maken.

Om afleggertjes te maken en jonge koninginnen te laten bevruchten, gebruiken we 1 of 2 ramen met broed en voer van de sterkste volken op de stand. Deze worden in 6-raams (of 3-raams kasten) tegen de zijwand van de kast geplaatst. Dit heeft de voorkeur boven kleine bevruchtingskastjes die, hoewel ze minder bijen gebruiken, omslachtig zijn om op te zetten. Daarnaast is het verzorgen ervan arbeidsintensief en het is lastig de koningin eruit te halen en in een ander volk te introduceren. Afleggers maken met 1 of 2 ramen maakt dit proces gemakkelijker.

Invoeren van een onbevruchte koningin:

We hebben ontdekt dat de meest effectieve methode is om een hoek van onze perspex dekplank aan de achterkant van de aflegger op te tillen (weg van eventuele bewakers bij de vliegspleet) en de koningin daar in te laten lopen. Het is het beste om dit aan het einde van de dag te doen als het volk rustig is. Maak de aflegger (zonder koningin, dit zijn extra afleggers) 24 uur van tevoren klaar, zodat de bijen beseffen dat ze moerloos zijn en oudere vliegbijen zijn teruggevlogen naar het volk waar ze uit kwamen. Als je meer controle wilt bij het invoeren van de koningin, bijvoorbeeld wanneer de koningin niet verwant is aan de voedsterbijen (dus afkomstig uit een ander volk), is het beter de koningin eerst 24 uur in een moerkooitje tussen de raten met bijen te hangen voordat je haar loslaat als de bijen haar hebben geaccepteerd. Dat accepteren kun je zien doordat de bijen de jonge koningin voeren.

Figuur 12.3: Eénraams afleggers gebruikt om koninginnen te laten bevruchten. Op de tweede foto wordt de onbevruchte moer ingevoerd in een kooitje dat aan een cocktailprikker hangt. Een voerraam vervangt in dit voorbeeld een sluitbord.

Foto: Steve Riley.

Volledig duurzame imkerij

Het telen en selecteren van je eigen bijen is zeer bevredigend en vergemakkelijkt het vastleggen en verspreiden van varroaresistentie. De imker behoudt controle over zijn/haar bijen, houdt toezicht en selecteert op de gewenste eigenschappen. De kosten blijven laag en jouw bijen met hygiënisch gedrag hebben de varroa onder controle.

Figuur 12.4: De volledige cyclus van een duurzame imkerij. Het is belangrijk om de controle te hebben over varroaresistentie in je bijenstal.

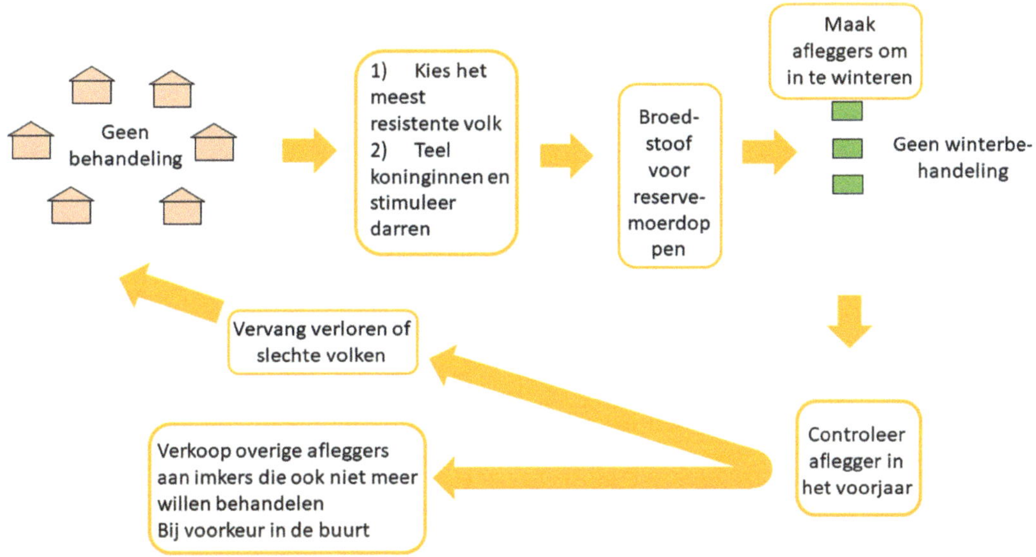

Diagram: Steve Riley.

Er is een eenvoud in deze goed werkende benadering. We:

- telen onze eigen koninginnen en hun dochters, kleindochters, enzovoort...
- monitoren op resistentie.
- werken als imkers onderling samen.
- werken met lokale bijen die zijn aangepast aan de lokale flora en het microklimaat.
- vermijden het kopen van bijen, die de al aanwezige balans zullen verstoren.
- moedigen de teelt van darren in resistente volken aan.

Figuur 12.5: Het verspreiden van de beste resistentie-eigenschappen in het hele gebied helpt om deze eigenschappen zo breed mogelijk te verankeren. Als vereniging moedigen we het verspreiden van reservekoninginnen en afleggers in de regio aan, waarbij de laatste tegen een flinke korting worden aangeboden in vergelijking met commerciële prijzen. We ondersteunen ook lokale verenigingen met varroaprojecten en organiseren workshops.

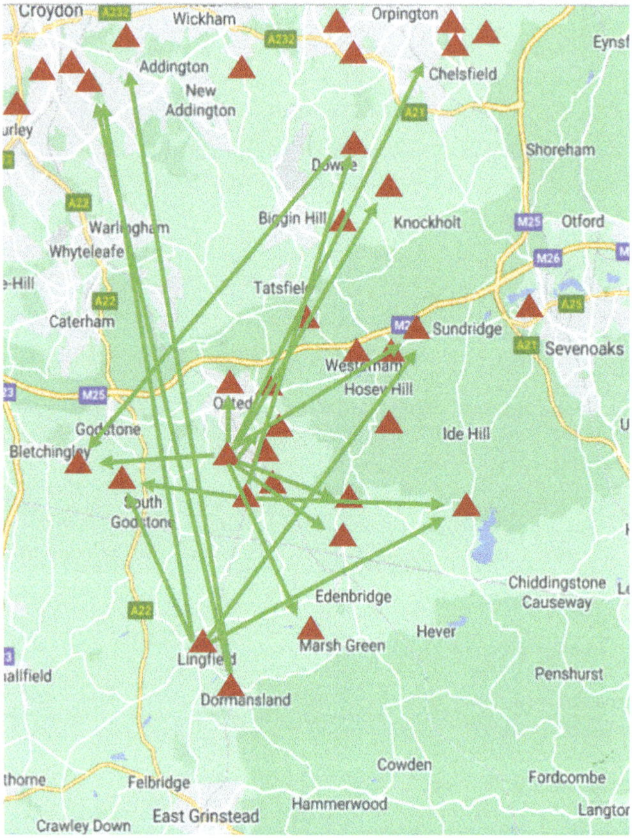

Figuur: Steve Riley. Map data: Google, Maxar Technology.

13
Honingopbrengsten en de overleving van het volk

Honingopbrengsten

De bijenstanden van het project zijn verspreid over West-Kent en de oostelijke grenzen van Surrey. Er zijn, gedurende het seizoen, verschillende types en hoeveelheden dracht. Het gebied biedt van het voorjaar tot vroege zomer goede dracht van bomen en stuiken zoals sleedoorn, meidoorn, paardenkastanje, tamme kastanje en linde. Soms is ook koolzaad binnen het bereik van de bijen. Een flinke zomerdracht komt van braamstruiken, klaver en springbalsemien. De dracht wordt in de herfst afgesloten met klimop.

Honingproductie is voor ons niet het belangrijkste doel, maar een bijproduct van de lokale dracht, het weer en gezonde bijen. Onze volken worden niet gestuurd om de honingopbrengst te maximaliseren en we reizen niet naar ander drachtbronnen. Alleen lokaal aangepaste bijen worden gebruikt, die van nature gewend zijn aan onze lokale flora en ons lokale microklimaat (geen geïmporteerd bijenmateriaal). We zijn ons ook steeds meer bewust van de noodzaak om stuifmeel en nectar te delen met andere bestuivers zoals solitaire bijen.

De honingopbrengsten variëren tussen standen. Dit komt door de aantallen bijenvolken en het beschikbare drachtaanbod in de omgeving. Jaar na jaar is het grootste verschil het Britse weer en de staat van ontwikkeling van elke kast in het seizoen.

De hoogte van de honingopbrengst per kast kan variëren van ongeveer 50 kg op sommige standen, waar alles goed ging, tot 10 kg in jaren met slechter weer of bij imkers met minder ervaring of die slechte keuzes maakten. Deze hoeveelheden zijn exclusief het op het volk laten een volle honingkamer voor de overwintering. Wij halen geen honing af om dit vervolgens te vervangen door suikerwater. Bovendien produceert een deel van de volken vroeg in het seizoen ook een aflegger uit overtollig broed om in te winteren. Het is voor volken niet mogelijk zulke honingoogsten te produceren zonder gezond broed.

We krijgen soms de vraag of bijen met hygiënische eigenschappen tegen varroa minder honing produceren. Met andere woorden, besteden de bijen te veel tijd aan het verwijderen van mijten?

Wij hebben dat niet zo ervaren, maar het is een interessante vraag.

De mening binnen de oprichters van ons project is dat de honingopbrengsten niet merkbaar zijn veranderd sinds het stoppen met behandelen. Het weer is de belangrijkste en meest veranderlijke factor met veel invloed op de oogst.

Dit is logisch als je bedenkt wat er in een volk gebeurt:

- Het zijn de voedsterbijen die hygiënisch gedrag uitvoeren, terwijl de haalbijen hun eigen werk doen.
- Imkers hadden het hoge niveau van hygiënisch gedrag vaak helemaal niet door terwijl het al geruime tijd gaande was (zie de vergelijking over 24 uur in figuur 6.8).
- Zwermbeheersing door het maken van een broedaflegger met koningin vermindert niet het aantal haalbijen in het hoofdvolk. Voor de kunstzwermmethode (figuur 12.2) zijn maar paar ramen met broed, bijen, de koningin en een raam met honing en stuifmeel nodig. Het moedervolk moet nieuwe ramen kunstraat uitbouwen ter vervanging van de weggenomen ramen. In de broedkamer van het hoofdvolk is nectar nodig voor het uitbouwen van de nieuwe ramen, maar daar staat tegenover dat minder broed warm gehouden hoeft te worden tot het moment dat de nieuwe koningin legt.
- Het volk past haar gedrag en prioriteiten aan. Tijdens een sterke dracht, vooral de zomerdracht die cruciaal is voor de wintervoorraden van de bijen, wordt minder hygiënisch gedrag waargenomen (zie figuur 8.1b).
- Gedurende het drachtseizoen zal een resistent volk gezond zijn en lage mijt- en virusbelastingen hebben. Daarentegen ondervinden varroagevoelige volken, tussen de winterbehandeling en de zomerbehandeling een snelle toename van het aantal varroa en het DWV.
- Het tijdstip van de oogst is flexibler – er hoeft geen rekening te worden gehouden met een behandeling tegen mijten die ook

nog voor het inwinteren moet gebeuren. De honing kan dus rustig afrijpen. Die flexibiliteit is ook handig voor vakanties of als er opeens iets anders de aandacht vraagt.

Figuur 13.1: Bijenkasten vol honing op de stand van Dr. T Rudd en het etiket 'Behandelingsvrij' dat wordt gebruikt op de honingpotten.

Fotos: Dr. T Rudd and Steve Riley.

Het overleven van de volken

We zijn het project voorzichtig begonnen. Achteraf een goede keuze. Zomaar stoppen met behandelen tegen de mijten en voortbouwen op (hopelijk) overlevende volken was niets voor ons. We hadden te veel verhalen gehoord, en horen die nog steeds, waar mensen op die manier veel volken verloren. Na meer dan 30 jaar zonder selectie op varroaresistentie zijn de meeste volken niet tegen de mijten opgewassen. Er zijn echter uitzonderingen, waar imkers succesvol hun imkerij uitbouwen op basis van wilde volken uit de buurt.

De laatste behandelingen in de volken van de projectgroep van imkervereniging Westerham vonden plaats in augustus en december 2017. De eerste winters zijn zenuwslopend. Aanvankelijk waren we voorzichtig door met niet te veel van onze volken aan het project mee te doen. We begonnen met 28 volken verspreid over 8 bijenstanden. Vanaf het tweede jaar groeide dit en bedroeg het gemiddelde over de periode voor de projectgroep 40 (±5).

Het overleven en sterven van de volken werd vanaf 2017 voor de groep bijgehouden. De gemiddelde jaarlijkse verliezen tot 2023 waren 17%, vergeleken met 23% in het zuidoosten van het VK volgens enquêtes van de landelijke imkervereniging. We nemen aan dat de meeste respondenten van de regionale enquêtes hun volken behandelen. Het verraste ons dat onze overleving over het algemeen zo goed was en zelfs beter dan het lokale gemiddelde.

Er waren verschillende ervaringen binnen onze groep. Eén stand had gedurende de periode slechts 1 volk verloren, terwijl een andere, waar duidelijk minder selectie op eigenschappen had plaatsgevonden, het moeilijker had. Een andere stand had aanvankelijk hoge verliezen, maar is toen overgestapt op bijen uit verwaarloosde kasten die enkele jaren onbeheerd waren gebleven op een nabijgelegen vliegveld. Wat een verschil maakten ze! Waar verliezen plaatsvinden, loont het om als groep te werken. Koninginnen en afleggers met resistentie worden naar de plekken gebracht waar die het meest nodig zijn. Belangrijk is dat we nu een sterke teeltbasis hebben om resistentie in onze regio te verspreiden, met nu ongeveer 100 bij het project betrokken volken. Ook de expertise van imkers om varroaresistentie te vinden groeit door training, het delen van kennis en door ervaring. Onze strategie is om meer volken met de juiste eigenschappen te telen en onze koninginnenteeltcapaciteit in 2024 te vergroten, zodat er lokaal meer koninginnen en afleggers beschikbaar komen.

Resultaten van volken van andere imkers die niet behandelen, laten een overwintering zien die net zo goed is of nog beter dan bij hun lokale collega's die wel behandelen. In noordwest Wales, bij de Lleyn & Eifionydd bijenhoudersvereniging, hielden Clive & Shân Hudson van 2010 tot 2015 gegevens van 1.573 behandelde en 1.096 niet-behandelde volken bij ("dank je wel" voor deze enorme administratieve taak). De gemiddelde jaarlijkse verliezen voor onbehandelde volken was 13% tegenover 19% voor behandelde volken. Dit zijn cijfers uit het grootste gebied met varroaresistentie in het VK met ongeveer 500 volken (https://beemonitor.org/).

Een vergelijkbare overwintering ten opzichte van de lokale imkers werd gerapporteerd door de Foragers Bee & Honey Company in Worcestershire. Hun eerste jaar zonder varroaciden was 2007 en ze gebruikten biotechnische methoden om de overgang naar behandelingsvrije bijen mogelijk te maken. Winterverliezen varieerden van 7% tot 12% in de jaren 2019/20 tot 2021/22. Bij de verliezen werd aangegeven dat: "Winterverliezen waren meestal hetzelfde of soms lager als die aangegeven door andere lokale imkers." (Bron: www.varroaresistant.uk en een presentatie op BBKA Lentebijeenkomst van april 2023).

De bijen in varroaresistente volken zijn niet onoverwinnelijk, maar worden in de winter getest zonder mijtbehandeling. Dit proces van natuurlijke selectie, samen met tolerantie tegen door varroa overgedragen virussen (Locke et al., 2021), zou na verloop van tijd een robuustere honingbij moeten creëren. Gegevens over overleving beginnen dit te bevestigen.

Zuid-Afrika is een mooi voorbeeld om te laten zien wat er mogelijk is. Varroa arriveerde in 1997 en niemand behandelde. Daar kwamen de jaarlijkse verliezen na enige tijd weer terug op het niveau van ongeveer 5% per jaar van voor de komst van varroa (Allsop, 2006). Er waren aanvankelijk verliezen van ongeveer 30%. Die 30% is wat we met onze voorzichtige start probeerden te vermijden.

14
Geleerde lessen

Toen we dit project startten, was er geen handleiding om te volgen, dus hier zijn een paar van onze verkeerde keuzes, waarvan we hopen dat ze je eigen leerproces kunnen verkorten.

Drie winters overleven

Drie winters overleven zonder behandeling door de imker is een sterke indicatie van varroaresistentie, vooral als het aantal mijten laag blijft in het derde jaar en de belangrijkste eigenschappen zoals broedruimen worden gezien. We waren dolblij na het eerste overlevingsjaar, waren gekalmeerd na het tweede jaar en leerden na het derde jaar (door schade en schande) welke onze beste volken waren. Het is belangrijk om de belangrijkste eigenschappen van resistentie de hele tijd te blijven zien in de volken.

Wees streng en besluitvaardig bij het verwijderen van slecht presterende koninginnen.

Word niet verliefd op je favoriete maar vatbare volken! Je wilt niet dat hun eigenschappen (of darren) bijdragen aan sterke ontwikkeling van varroa en virusaandoeningen. Doe hetzelfde als je zou doen bij stekerige volken. Vervang de slechte moeren in het voorjaar om de bijen van de nieuwe koningin de tijd te geven om het volk over te nemen vóór de inwintering. Volken met een hoge mijtenlast vormen, vooral in de winter, een potentieel risico voor de rest van de volken op de bijenstand. Bijen uit instortende volken zullen zich op een milde dag in januari inbedelen bij een volk met hoge weerstand tegen varroa. Het ontvangende volk zal daardoor zoveel extra mijten krijgen dat het door veel broed te trekken toch verzwakt het voorjaar haalt (of net niet).

Het zien van geopende cellen alleen is niet genoeg.

Zelfs sommige varroagevoelige volken zullen het broedcellen openen. Het zien van geopend broed tijdens inspecties is onvoldoende bewijs om te stoppen met behandelen. Zoek naar aangevreten poppen en bevestig de effectiviteit van de varroahygiëne van het volk door lage mijtaantallen te vinden.

Poetsen en mijtenbijten - belangrijk?

Het merendeel van het onderzoek naar varroaresistente bijen concludeerde dat wederzijds poetsen en het bijten van mijten belangrijke eigenschappen zijn. Voor ons imkers leek dit logisch en efficiënt. De bijen zouden de mijten wegpoetsen en doden voordat ze zich konden voortplanten. Daarbij bijten de bijen poten of andere lichaamsdelen af van de varroa. We zouden het allemaal toejuichen! Aan de Purdue University in de VS selecteerden ze op deze eigenschap en hun bijen stonden bekend als 'enkelbijters' (McAfee, 2021).

Wij loerden daarom ook vele uren door microscopen naar mijten die we op de varroalade vonden. Het leek ook of we bewijs vonden van poetsen en mijtenbijten.

Er was één kast waarbij tussen een kwart en een derde van de mijten verminkt waren. Poten of antennes ontbraken, of het rugschild was duidelijk beschadigd.

Figuur 14.1: Mijten beschadigd door de bijen bij de Westerham Imkers.

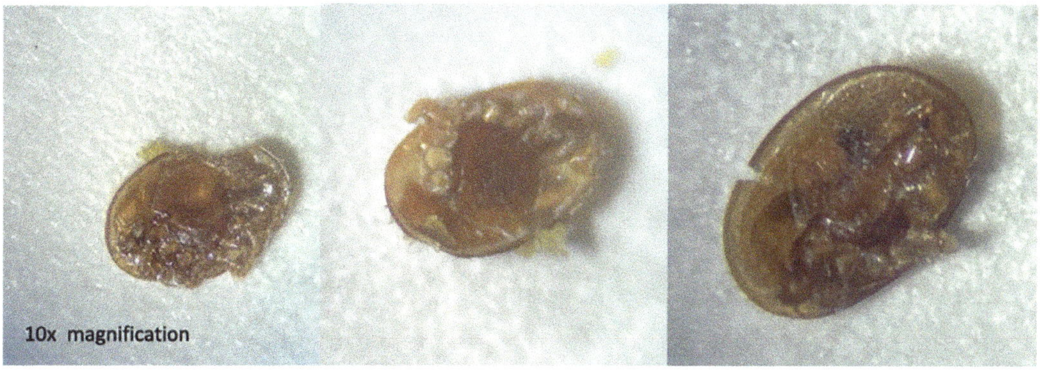

Fotos: Steve Riley.

De varroa die hierboven zijn afgebeeld, kwamen uit de kast 5 van de auteur. Dit volk had een prachtige grote koningin, het produceerde veel broed, grote hoeveelheden honing en de bijen waren vriendelijk in de omgang. We hebben zelfs van haar nageteeld. Na het overleven van 2 winters en 3 seizoenen zonder behandelingen, voelde het alsof dit was wat we zochten - zo ziet mijten wegpoetsen en verminken eruit.

Wat we echter niet begrepen, was waarom er steeds grote aantallen mijten in het volk waren - in feite de hoogste aantallen van de hele bijenstand met een behoorlijke marge. Er klopte iets niet.

Figuur 14.2: Er leek geen verband te zijn tussen waargenomen mijtenverminking en lage mijtaantallen.

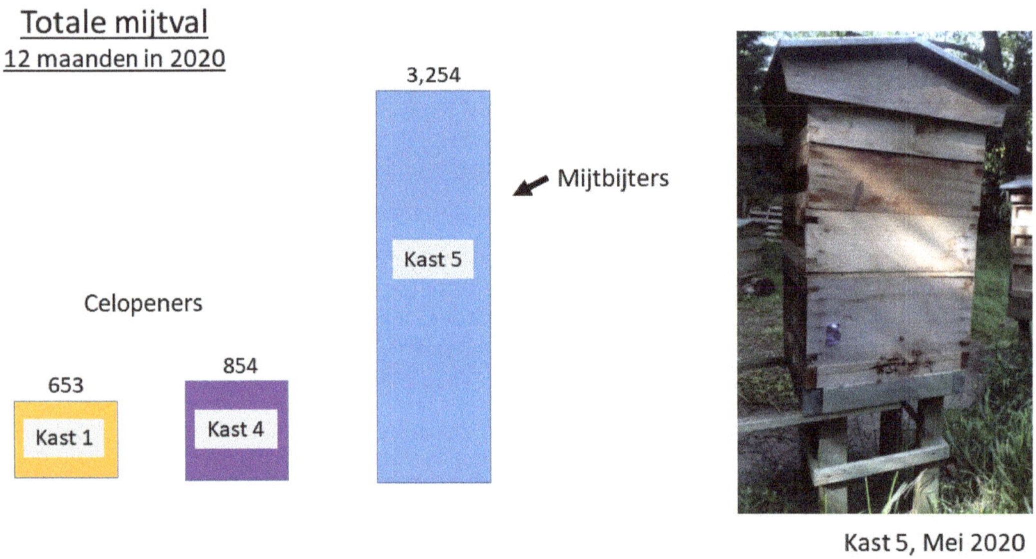

Grafiek en foto: Steve Riley.

Het antwoord werd duidelijk in juni, tijdens het derde seizoen van de koningin. Wisselcellen. Haar tijd was voorbij. Ze werd met pensioen gestuurd door haar in een aflegger in te winteren om te zien of haar genetica behouden kon blijven voor het volgende teeltseizoen. Het oude volk had een nieuwe koningin gekregen en de dochter legde prachtig. De voorraden waren voldoende en alles was gereed voor de winter... Het volk was met Kerstmis dood. Een van die verschrikkelijke momenten in de imkerij. Realiteit had het optimisme ingehaald. Wat was er gebeurd?

Er was nog meer informatie:

- Er waren 3 afleggers gemaakt elk met een dochter van de koningin van kast 5 en die zijn naar andere imkers gegaan. Geen van deze heeft de winter overleefd.
- We zagen het open en sluiten van cellen tijdens inspecties, net als mijtenverminking, maar we zagen maar weinig broedtrekken.
- De oude, oorspronkelijke koningin heeft goed overwinterd in de aflegger!

Conclusies na onderzoek van kast 5:

1. Mijten bijen en wegpoetsen levert geen grote bijdrage aan het verminderen van de varroabelasting bij bijen.

2. Beschadigde varroa zijn waarschijnlijk het resultaat van bijen die besmette cellen poetsen, vooral de zachtere, jonge mijten. Deze bijen hadden veel schoonmaakwerk te doen.

3. Er werd te weinig broed getrokken in het volk om het aantal mijten onder controle te houden

4. Misschien was het volk wel tolerant voor virussen, wat mogelijk verklaart waarom het volk overleefde met een hoge mijtenbesmetting en waarom de oude koningin langer leefde dan haar dochters.

5. Volken met hoge aantallen mijten vormen een virusrisico en kunnen een gevaar vormen voor de hele bijenstand. Vervang de koningin.

Ook later onderzoek trok de rol van het wederzijds poetsen in varroaresistentie in twijfel (Grindrod en Martin, 2023). Veel van de veronderstellingen dat poetsen een effectieve methode was om varroa te verminderen, kwam uit kleinschalige studies naar Apis cerana, de Aziatische honingbij. Ander onderzoek vond weinig verschil tussen het poetsen in vatbare of resistente Apis mellifera-volken (Aumeier, 2001). Varroa kunnen zich chemisch slim camoufleren door het specifieke volksgeurprofiel van de bijen na te bootsen (Kather et al., 2015). Ze zijn snel, behendig en hebben een enigszins platte knopvorm, waardoor ze tussen de buikplaten van een honingbij kunnen kruipen om te voeden en zicht te verstoppen voor poetspogingen.

Figuur 14.3: Varroa tussen de buikplaten van een honingbij.

Afbeelding met dank aan The Animal and Plant Health Agency (APHA), Crown Copyright.

Het poetsen zou nog best een kleine rol kunnen spelen bij varroaresistentie, want het is bekend dat bijen zichzelf en elkaar verzorgen. Het is niet iets waar we specifiek op selecteren. Als het aantal mijten hoog is in een volk, gaan we ervan uit dat andere hygiënische gedragingen tegen varroa onvoldoende zijn. Deze volken krijgen een nieuwe koningin.

Kleine cel:

Dit is een interessant onderwerp waarover de meningen verdeeld zijn. Onze aanvankelijke interesse in kleine cel werd gewekt door een artikel van imker John White over het gebruik van kunstraat met kleine celmaat in het nummer van juni 2019 van het BBKA imkermagazine. Hij had 9 jaar geen bestrijdingsmiddelen gebruikt en schreef de varroaresistentie toe aan kleinere honingbijen, of bijen van een meer passend formaat, die voortkwamen uit kleine cellen.

Elders leek er, op het eerste gezicht, een verband te bestaan tussen kleinere bijen en varroaresistentie. In Azië, waar varroa en Apis cerana in evenwicht leven, is de natuurlijke celgrootte 4,2 - 4,8 mm. Varroaresistente geafrikaniseerde bijen in de VS hebben een celgrootte van 4,4 – 4,9 mm. De bijen die varroa in het Arnot Forest overleefden, werden beschreven als "opvallend kleiner" (Seeley, 2019). Dit interesseerde ons bijzonder omdat deze bijen waren blootgesteld aan natuurlijke selectie. In het VK had Joe Ibbertson van het Boughton Estate honingbijbeschermingsproject ook heel kleine honingbijen waargenomen in boomholtes.

Geclaimde voordelen van kleine cellen waren onder andere:

- Langlevende bijen (meer bijen in het broedgebied die minder werk doen)
- Eén dag kortere ontwikkelingsperiode (d.w.z. 20 versus 21 dagen), waardoor er minder tijd is voor varroa om zich voort te planten.
- Schade aan de enige mannelijke varroamijt in de kleinere cel, wanneer deze zich in de cel verplaatst. Dit zou voortplanting hinderen.

We konden het niet weerstaan en besloten om kleine cellen verder te onderzoeken in onze eigen volken. Na 3 seizoenen en 3 winters op kleine cellen in 2 van onze bijenstanden, waren onze waarnemingen:

1. We observeerden geen materiële verandering in het niveau van openen en hersluiten van cellen, wat bleef variëren per volk.

2. Varroa was de afgelopen 3 jaar lager in onze bijenstanden, ook in onze volken met grote cellen.

3. De kleinere bijen in overlevende wilde onbeheerde volken (bijv.

Arnot forest, Blenheim Estate) waren waarschijnlijk het gevolg van oude raten waarin, door propolis en de cocons van de poppen, de cellen een steeds kleinere diameter krijgen De kleinere bijen waren waarschijnlijk niet het gevolg van natuurlijke selectie op een voordeel in de strijd tegen varroa van de kleinere bijtjes.

Figuur 14.4: In een leeg broedraam maken de bijen raat van de juiste grootte voor werksters of darren. Lollystokjes en een 4 mm satéprikker bieden bouwrichting en stabiliteit. Een beetje was wordt rond de binnenkant van het raam gewreven om de bijen aan te moedigen. (zulke ramen kunnen ook gewoon bedraad worden. Let wel op dat de ramen echt verticaal hangen tijdens het uitbouwen).

Foto: Steve Riley.

Onze conclusie was dat het openen van de cellen en het ruimen van besmet broed niet afhankelijk waren van de grootte van de bijen. Emeritus Professor Stephen Martin heeft, als onderzoeker, varroaresistente volken van Apis mellifera in verschillende delen van de wereld bestudeerd en bevestigt dat resistente bijen in "verschillende maten en kleuren" voorkomen.

Het gebruik van verkeerde maat kunstraat is makkelijk op te lossen door de bijen toe te staan hun eigen raat te laten bouwen in het broednest – en dit is iets wat wij steeds vaker doen.

15

Aan de slag: overstappen van behandelen naar niet behandelen

Toen we eenmaal hadden besloten om te stoppen met behandelen, waren we zeer gemotiveerd om de oplossing te vinden die in de natuur voorkomt. Het observeren hoe de bijen met varroa omgaan was heel leerzaam. Het was een terugkeer naar het imkeren zoals het vroeger was, waarbij de kennis over en de spullen voor het behandelen van de volken niet meer nodig zijn. Het is ook de oplossing op lange termijn voor varroa.

In de eerste jaren na het stoppen met behandelingen merkten we dat het aantal mijten in sommige volken hoger was dan waar we gerust op waren, vooral in de herfst bij de vorming van de winterbijen. Het kostte ons een paar jaar om het normale patroon in het opruimen van varroa tijdens deze pre-winterpiek te begrijpen. Het was tot dan toe nog niet onderzocht. Selecteren op zichtbare gedragingen van resistentie bij van bijen die van nature resistent zijn was iets nieuws in de imkerij. Achteraf gezien namen we meer risico met onze volken dan we anderen zouden aanraden.

Als voorbeeld zien we in figuur 15.1 de mijtval in volk 4 gedurende de eerste twee jaar zonder varroabehandeling. De varroabelasting was hoog in het eerste volle jaar, gemiddeld 9 mijten per dag (nu willen we graag 5 of minder mijten zien). Wel bemoedigend was dat we tijdens inspecties het openen van broed zagen. We wisten uit onderzoeken van de USDA over varroa sensitieve hygiëne (VSH) dat dit een belangrijke eigenschap was (Harbo en Harris, 2005).

Aan het begin van het tweede jaar verschenen er kapot geknaagde poppenonderdelen op de varroalade, waarvan we begonnen te begrijpen dat dit een belangrijke stap was in de onderbreking in de voortplanting van de mijten. Het tweede jaar liet een daling van 75% van de mijtval zien, wat betekent dat er 2.500 minder mijten waren. De bijen hadden gereageerd op hun mijtenprobleem. De bijen bleken dingen te kunnen die ze eerder niet hoefden te laten zien, en waarvan we niet beseften dat ze die konden. Was dit een voorbeeld van epigenetica, waarbij eigenschappen worden geactiveerd als die nodig zijn? We waren blij met deze eigenschappen in de bijenstal en in hun hun rondvliegende darren.

Ons succes was gebaseerd op bevindingen uit eerder onderzoek, door ons hoofd koel te houden en een vleugje geluk.

Figuur 15.1: De mijtval gedurende de eerste twee jaar zonder varroabehandeling

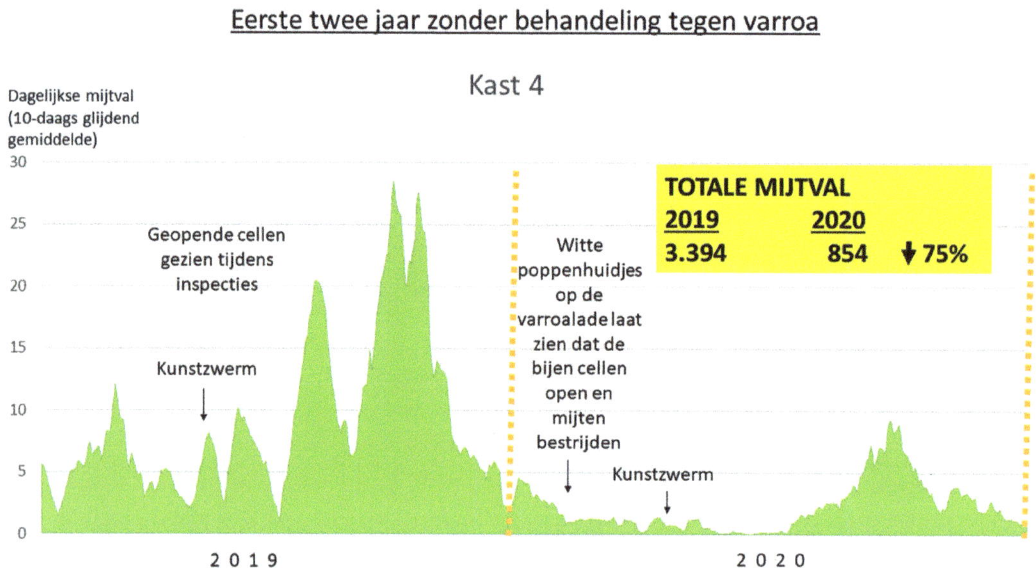

Grafiek: Steve Riley.

De aantallen varroa daalden in de loop van het project

We zijn nu in het zevende jaar van het varroaproject. Onze selectie is beter geworden en we hebben beter leren kijken. Als gevolg daarvan zijn de aantallen mijten over het algemeen lager.

Als je net begint met zoeken naar en selecteren op varroaresistentie in je volken, is het logisch dat je onderweg een paar fouten maakt.

Wij deden dat ook. Fouten in de beoordeling zijn achteraf makkelijk te zien. In figuur 15.2 waren we (ten onrechte) te gefascineerd door het mogelijke mijtpoetsen en mijtbijten in kast 5. We zagen twee belangrijke aanwijzingen voor de lage resistentie van dit volk over het hoofd. Ten eerste waren er veel hogere aantallen mijten aan het begin van het jaar dan in het voorgaande jaar. Ten tweede, zagen we in dit volk minder geopende cellen en minder poppenhuidjes op de varroalade.

Figuur 15.2: De grafiek toont de mijtaantallen voor verschillende volken in dezelfde bijenstal in 2020, 2021 en 2022. Over het algemeen zijn de mijtniveaus lager door selectie en vermeerdering van de beste volken en het verwijderen van de slechtste volken. Een beter oordeel komt door te tellen en met ervaring.

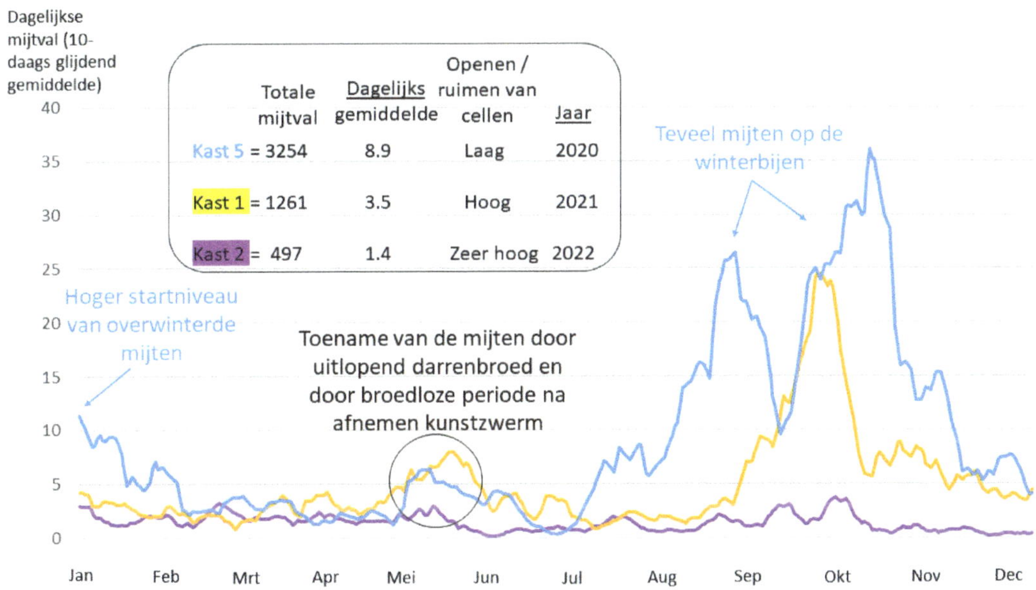

Grafiek: Steve Riley.

Overstappen van bestrijden naar varroaresistentie

Als je tot dit punt in het boek bent gekomen, zul je weten hoe de bijen varroa onder de duim kunnen houden. Ook weet je dan hoe je kunt zien of en welke van de volken dit doen. We presenteren hier een stappenplan met onze inzichten dat kan helpen bij het overstappen op varroaresistentie Het is goed het zo aan te passen dat ze bij je eigen werkwijze passen.

1. Wees voorzichtig. Al meer dan 30 jaar is er weinig selectie op varroaresistentie geweest (afgezien van wilde volken). Hierdoor hebben de meeste volken geen sterke afweer tegen varroa. Hieronder vallen ook veel van de commercieel beschikbare bijen. Vraag daarom naar het de manier van behandelen die de verkoper gebruikt en de varroatolerantie voordat je iets koopt (N.B. het is beter om je eigen bijen te kweken).

   De zeven oprichters van projectgroep in Westerham begonnen door met de helft van hun kasten aan het project mee te doen. Het leek ons verstandig en achteraf bleek dit een verstandige zet.

   We merken dat veel van onze nieuwere imkers dit het liefst ook meteen zo doen. Sommigen redden het met goed mentorschap, maar eigenlijk is het beter eerst meer ervaring met de bijen op te doen. De eerste jaren zitten, ook zonder behandelen, al vol gevaren!

2. Wees voorbereid op de nerveuze eerste paar winters. Veranderingen in de manier van imkeren zorgen voor een grotere angst voor verlies van volken. Een angst die imkers in de winter sowieso ervaren.

3. Overweeg om eerst over te stappen van chemische naar biotechnische bestrijding (bijvoorbeeld door de arrestraam methode). Je hoeft je dan minder zorgen te maken of de volken het wel zullen overleven (volledige details in de bijlage).

   Stap na het toepassen van biotechnische behandeling snel over op niet behandelen. De biotechnische bestrijding wordt anders gewoon een alternatief voor chemische bestrijding en je ziet dan nog steeds niet welke volken resistentie hebben.

4. Controleer op geopende cellen, broedtrekken = weinig mijten (controleer minimaal eenmaal per maand). Wacht totdat je duidelijk varroaresistentie bij je bijen ziet voordat je alle

mijtenbestrijding stopt. Breng indien nodig eerst een heel seizoen door met monitoren.

5. Kies een handige bijenstal waar je makkelijk en vaak kan zijn om het monitoren te starten. Een bijenstal in de tuin thuis is ideaal. Een vereniging in de buurt heeft speciaal voor dit project een nieuwe bijenstand ingericht.

6. Begin met het monitoren van minimaal 4-5 volken. Sommige volken zullen hygiënischer zijn tegen varroa dan andere. Groepeer de volken in categorieën van HOOG (goede verdediging tegen varroa), LAAG of ONZEKER. De HOOG-volken zullen als teeltmateriaal dienen om nieuwe volken mee te maken en ook de koninginnen van de volken die laag of onzeker scoren mee te vervangen.

7. Integreer monitoring in de dagelijkse imkerwerkjes door het ook speciale ruimte te geven op de kastkaart. Neem in je beoordeling van de koningin mee de mogelijke rol als teeltmoer en noteer de voortgang van haar dochters.

8. Stop de winterbehandeling eerst alleen bij die volken die cellen openen en broed ruimen. De lente is een onthullende tijd waarin je kan zien hoe je bijen met varroa samenleven, na eventuele behandeling de voorgaande zomer.

9. Teel je eigen koninginnen om varroaresistentie op je eigen bijenstanden en de verdere omgeving uit te breiden. Een broedstoof is zeer handig om reservekoninginnen uit geselecteerde volken uit te laten lopen en verdient zichzelf zeer snel terug.

10. Teel veel darren van je beste volken met varroaresistentie zodat ze lokaal beschikbaar zijn. Gebruik natuurbouw voor de darren zodat er geen resten van bestrijdingsmiddelen in de raat zitten en om te zorgen dat de celgrootte klopt. Ruim darren uit volken met lage varroaresistentie op om te voorkomen dat hun eigenschappen zich verspreiden.

11. Maak van de meest resistente volken afleggers als reservevolken

voor de winter. Deze zijn goede back-ups en helpen de imkerij zelfvoorzienend te worden.

12. Vermeerder in het voorjaar vanuit je beste overlevers (zichtbare resistente eigenschappen, lage mijtaantallen, goed broed en goede haaldrift) om winterverliezen te op te vangen. Door monitoring zul je goed kunnen zien hoe de dochters van goede koninginnen het doen. Een mooi voorbeeld hiervan is bij kast 2 in figuur 15.3 hieronder, waarin we een volk zien waar nu bijna alle volken in de imkerij van afstammen.

13. Beheer actief volken die een lage varroaweerstand en een hoge mijtbelasting hebben, vooral in de late zomer. Deze volken kunnen in de winter een risico kunnen vormen doordat mijten met bijen vertrekken uit een instortend volk en in andere volken terecht komen. Kortetermijnmaatregelen om Varroa te verminderen kunnen biotechnisch zijn (bijvoorbeeld met de arrestraammethode of door gesloten broed te verwijderen) of chemisch. Vervang koninginnen in het voorjaar.

14. Gebruik bijen die lokaal aangepast zijn aan de flora en het klimaat van jouw gebied. De aanpassing die we in onze volken zien gebeuren vinden ook elders plaats als we het laten gebeuren. Bijen in de buurt lijken daardoor op elkaar qua eigenschappen. Het kopen van volken of koninginnen van elders, verstoort die aanpassing. In de casestudy's van varroaresistente bijen in het VK (www.varroaresistant.uk) zijn het steeds verhalen over bijen uit hun eigen omgeving.

15. Werk als groep samen door de beste ideeën en koninginnen te delen. Zet je in om imkers, die volken kwijt zijn, te helpen, daardoor kan de resistentie ook verder worden verspreid. Een aantal imkersverenigingen is al begonnen met hun eigen projecten, inclusief het opzetten van specifieke bijenstanden.

16. Probeer wilde volken te krijgen die al langere tijd waren blootgesteld aan natuurlijke selectie. Gebruik lokkasten in de buurt of wees er als eerste bij om zwermen te scheppen! Dit is een snelle weg naar varroaresistente bijen.

17. Wees voorzichtig met het binnenhalen van zwermen van onbekende oorsprong. Het kunnen volken zijn met een lage weerstand tegen mijten. Als je toch een zwerm schept, controleer die dan op resistentie-eigenschappen en vervang de koningin indien nodig.

18. Wees vooral vriendelijk tegen imkers die al varroaresistente bijen hebben – voor koninginnen, afleggers of advies.

19. Overwinterde afleggers van imkers, die al lang niet meer behandelen (bij voorkeur meer dan 5 jaar) zijn een goed goede manier om te starten:
    a) De koninginnen zijn standbevrucht (op een plek waar resistente eigenschappen aanwezig zijn).
    b) Zo'n aflegger kun je soms hetzelfde jaar al delen zodat er twee volken zijn om in te winteren
    c) Het volkje zal darren produceren die lokaal koninginnen kunnen bevruchten en daarmee de goede eigenschappen verspreiden.

20. Hoewel niet gelinkt aan varroa, zal het stimuleren van propolis, het isoleren van kasten en zo weinig mogelijk in de volken kijken, zorgen dat de volken minder stress hebben. Dit draagt bij hun gezondheid en overlevingskansen.

21. Neem een periode van 3 jaar voor het project om de eigenschappen van uw bijen te veranderen en een termijn van 5 jaar om ze lokaal te verankeren. De imker kan zijn bijenstanden snel veranderen door na te telen van resistente volken en koninginnen uit vatbare volken te vervangen. Het lokaal verankeren van de eigenschappen duurt langer, omdat je probeert invloed uit te oefenen op de darrenverzamelplaatsen met je resistente darren. Samen werken met imkers uit de buurt gaat daarbij helpen!

We zullen afsluiten door te laten zien wat het selecteren op varroaresistente eigenschappen kan bereiken, met behulp van relatief kleine aantallen lokaal aangepaste volken (in dit geval ongeveer 10 volken in één bijenstal).

Figuur 15.3: Twee jaar monitoring gedurende 2022 en 2023 laten zien dat de mijtniveaus in kast 2 zo laag zijn dat varroa zich blijkbaar maar beperkt kan voortplanten in werksterbroed.

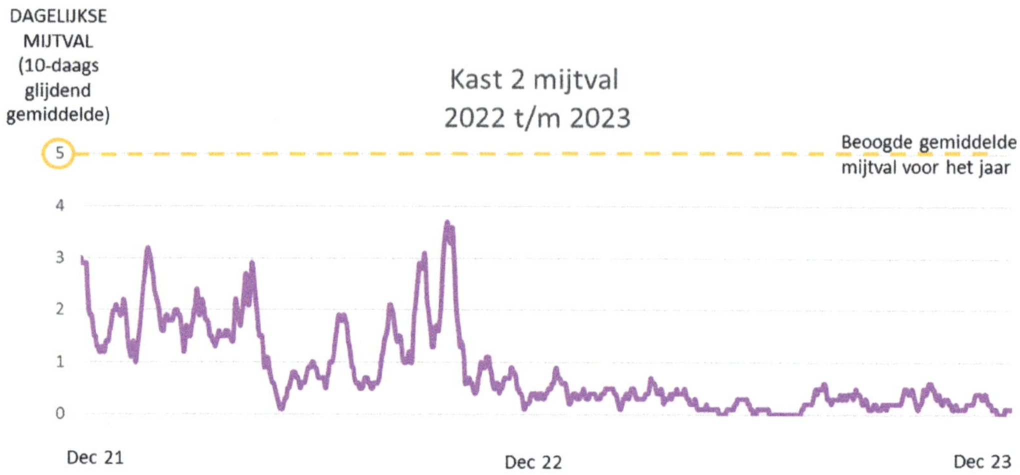

Grafiek: Steve Riley.

Dit is bewijs dat *Apis mellifera*, de Europese honingbij, net zo'n natuurlijk evenwicht kan bereiken met de mijten als de oorspronkelijke gastheer, *Apis cerana* in Azië.

Veel succes met het leren over wat je bijen kunnen! Geniet ervan om een verschil te maken en bij te dragen aan het helpen van de bijen bij het oplossen van het varroa.

Dankbetuigingen

Als hobbyimkers hadden we het geluk Dr. Ralph Büchler als mentor te hebben bij de start van het project. Ralph was onderzoeksleider, met een focus op bijenteelt, bij het Kirchhain Bijeninstituut in Duitsland. Hij bracht tientallen jaren aan onderzoekservaring met betrekking tot varroa met zich mee en reageerde altijd op onze e-mails – dank je wel.

Emeritus Professor Stephen Martin initieerde en leidde het project "Path to Varroa-resistance in the UK" gevolgd door het lanceren in april 2023 van de vrij toegankelijke website: www.varroaresistant.uk. Hij geeft colleges en presentaties over varroaresistentie in het VK en internationaal. Stephen hielp ons de belangrijkste resistentie-eigenschappen te zien en te begrijpen. Het was een eer om af en toe het podium met hem te delen. Bedankt ook voor het redigeren van de wetenschappelijke secties van dit boek.

Dank aan Rhona Toft voor de nauwgezette redactiewerkzaamheden, Joe Ibbertson en Clive Hudson voor de steun, aanmoediging en het zo genereus delen van jullie expertise.

Het oprichtersteam van het varroaproject van de imkervereniging Westerham kwam samen in de herfst van 2017 in de Carpenters Arms: Alban, Annie, Jacky, Keith, Mark en Topsy. We hebben samen enkele steile leercurves doorlopen, genoten van de hoogtepunten, maar hebben vooral ook de dieptepunten gedeeld. Dank aan mijn vrouw, Christine, voor haar liefdevolle steun en redactionele input. Een huis delen met iemand die een boek schrijft is niet gemakkelijk! En tot slot... dank aan de bijen, die al onze levens als imkers verfraaien en die gezamenlijk een oplossing voor varroa hebben gevonden. Alles wat wij deden, was hun voorbeeld volgen.

Figuur 16.1: De koningin en dochters van kast 2, de meest varroaresistente bijen die we tot nu toe hebben gezien.

Foto: Steve Riley.

Referenties en verdere literatuur

Allsopp, M., (2006) Analysis of Varroa destructor infestation of southern African honey bee populations. University of Pretoria (South Africa)

Anderson, D., Trueman, J. (2000) Varroa jacobsoni (Acari: Varroidae) is more than one species. Exp Appl Acarol 24, 165–189. https://doi.org/10.1023/A:1006456720416

Aumeier P., (2001) Bioassay for grooming effectiveness towards Varroa destructor mites in Africanized and Carniolan honey bees, Apidologie, 32 1 (2001) 81-90, DOI: https://doi.org/10.1051/apido:2001113

Baer, B., (2005) Sexual selection in Apis bees. Apidologie 36, 187–200. https://doi.org/10.1051/apido:2005013

Bailey L., Ball B.V., (1991) VIRUSES, Honey Bee Pathology (Second Edition), Academic Press, 1991, Pages 10-34, ISBN 9780120734818, https://doi.org/10.1016/B978-0-12 073481-8.50007-2.

Beye, M., Gattermeier, I., Hasselmann, M., et al., (2006) Exceptionally high levels of recombination across the honey bee genome. Genome Res. 2006 Nov;16(11):1339-44. http://www.genome.org/cgi/doi/10.1101/gr.5680406

Bishop, G.H., (1920) Fertilization in The Honey-Bee I. The male sexual organs: their histological structure and physiological functioning. J. Exp. Zool. 31, 225–264. https://doi.org/10.1002/jez.1400310203

Crailsheim, K., Brodschneider, R., Aupinel, P., et al., (2013). Standard methods for artificial rearing of *Apis mellifera* larvae. *Journal of Apicultural Research*, *52*(1), 1–16. https://doi.org/10.3896/IBRA.1.52.1.05

Dainat, B., Evans, J.D, Chen, Y.P., et al., (2012) Dead or alive: deformed wing virus and Varroa destructor reduce the life span of winter honeybees. Appl Environ Microbiol. Feb;78(4):981-7. https://doi.org/10.1128/AEM.06537-11

De Guzman, L.I., Rinderer, T.E., Lancaster, V.A., et al., (1999) Varroa in the mating yard: III. The effects of formic acid gel formulation on drone production. Am. Bee J. 139, 304–307.

Donzé, G., Guerin, P.M., (1994) Behavioral attributes and parental care of Varroa mites parasitizing honeybee brood. Behav Ecol Sociobiol 34, 305–319. https://doi.org/10.1007/BF00197001.

Donzé, G., Herrmann M., Bachofen B., and Guerin P. M., (1996) Effect of mating frequency and brood cell infestation rate on the reproductive success of the honeybee parasite Varroa jacobsoni. Physiol. Entomol. 21: 17–26.

Ellis, M.B., Nicolson, S.W., Crewe, R.M., *et al.*, (2010) Brood comb as a humidity buffer in honeybee nests. Naturwissenschaften 97, 429–433. https://doi.org/10.1007/s00114010-0655-1

Evans, D., (2019) Apiarist Blog, Mites equal viruses. https://theapiarist.org/mites-equal-viruses/

Fell, R.D., & Tignor, K., (2001) Miticide effects on the reproductive physiology of queens and drones. Am. Bee J. 141, 888–889.

Fisher II, A., & Rangel, J., (2018) Exposure to pesticides during development negatively affects honey bee (Apis mellifera) drone sperm viability. PLoS ONE 13, https://doi.org/10.1371/journal.pone.0208630

Fuchs, S., (1990) Preference for drone brood cells by Varroa jacobsoni Oud in colonies of Apis mellifera carnica, Apidologie, 21 3 193-199,DOI: https://doi.org/10.1051/apido:19900304

Gençer, H.V., & Kahya, Y., (2020) Sperm competition in honey bees (Apis mellifera L.): the role of body size dimorphism in drones. Apidologie, 51 (1), pp.1-17. https://doi.org/10.1007/s13592-019-00699-4

Grindrod I., and Martin S.J., (2021) Parallel evolution of Varroa-resistance in honey bees: a common mechanism across continents? Proc. R. Soc. B 288: 20211375. https://doi.org/10.1098/rspb.2021.1375

Gilliam, M., Taber III, S., Richardson, G.V., (1983) Hygienic behaviour of Honey Bees in relation to Chalkbrood disease, Apidologie 14 29-39, https://doi.org/10.1051/apido:19830103

Gramacho, K.P., & Spivak, M., (2003) Differences in olfactory sensitivity and behavioral responses among honey bees bred for hygienic behavior. *Behav Ecol Sociobiol* **54**, 472–479. https://doi.org/10.1007/s00265-003-0643-y

Grindrod I., & Martin S.J., (2021) Spatial distribution of recapping behaviour indicates clustering around Varroa infested cells, Journal of Apicultural Research, 60:5, 707 716, DOI: 10.1080/00218839.2021.1890419, https://doi.org/10.1080/00218839.20 21.1890419

Grindrod I. & Martin S.J., (2021) Parallel evolution of Varroa-resistance in honey bees: a common mechanism across continents? Proc. R. Soc. B 288: 20211375. https://doi.org/10.1098/rspb.2021.1375

Grindrod, I., & Martin, S.J., (2023). Varroa-resistance in Apis cerana: a review. Apidologie, 54, https://doi.org/10.1007/s13592-022-00977-8

Harbo Bee Co.: Breeding resistance to Varroa mites https://www.harbobeeco.com/

Harbo J.R., & Harris J.W., (2005) Suppressed mite reproduction explained by the behaviour of adult bees, Journal of Apicultural Research, 44:1, 21 23, https://doi.org/10.1080/00218839.2005.11101141

Hawkins G.P., & Martin S.J., (2021) Elevated recapping behaviour and reduced Varroa destructor reproduction in natural Varroa-resistant Apis mellifera honey bees from the UK. Apidologie 52, 647–657. https://doi.org/10.1007/s13592-021-00852-y

Hudson, C., & Hudson, S., (2020) Treatment-free beekeeping. British Beekeepers Association News; 277: 229–232.

Human, H., Brodschneider, R., Dietemann, V., *et al.*, (2013). Miscellaneous standard methods for *Apis mellifera* research. *Journal of Apicultural Research*, *52*(4), 1–53. https://doi.org/10.3896/IBRA.1.52.4.10

Kather, R., Drijfhout, F.P., Shemilt, S. *et al., (2015)* Evidence for Passive Chemical Camouflage in the Parasitic Mite *Varroa destructor* . *J Chem Ecol* **41**, 178–186. https://doi.org/10.1007/s10886-015-0548-z

Kevill, J.L., de Souza, F.S., Sharples, C., *et al.*, (2019) DWV-A Lethal to Honey Bees (Apis mellifera): A Colony Level Survey of DWV Variants (A, B, and C) in England, Wales, and 32 States across the US. Viruses. May 9;11(5):426. https://doi.org/10.3390/v11050426

Le Conte Y., de Vaublanc G., Crauser D., *et al.*, (2007) Honey bee colonies that have survived Varroa destructor . Apidologie 38, 566–572 (2007). https://doi.org/10.1051/apido:2007040

Locke, B., (2016) Natural *Varroa* mite-surviving *Apis mellifera* honeybee populations. *Apidologie* **47**, 467–482. https://doi.org/10.1007/s13592-015-0412-8

Locke, B., Thaduri, S., Stephan, J.G. *et al.* (2021) Adapted tolerance to virus infections in four geographically distinct *Varroa destructor*-resistant honeybee populations. *Sci Rep* **11**, 12359. https://doi.org/10.1038/s41598-021-91686-2

Luis, A.R., Grindrod, I., Webb, G. *et al*. (2022) Recapping and mite removal behaviour in Cuba: home to the world's largest population of Varroa-resistant European honeybees. Sci Rep 12, 15597. https://doi.org/10.1038/s41598-022-19871-5

Martin, S.J., (1995) Reproduction of Varroa jacobsoni in cells of Apis mellifera containing one or more mother mites and the distribution of the cells. J. Apic. Res. 34(4), 187 196. https://doi.org/10.1080/00218839.1995.11100904

Martin S.J., & Kemp D., (1997) Average number of reproductive cycles performed by *Varroa jacobsoni* in honey bee (Apis mellifera) colonies, Journal of Apicultural Research, 36:3-4, 113-123, https://doi.org/10.1080/00218839.1997.11100937

Martin S.J., (1998) A population model for the ectoparasitic mite *Varroa jacobsoni* in honey bee (Apis mellifera) colonies, Ecological Modelling, Volume 109, Issue 3, Pages 267-281, ISSN 0304-3800, https://doi.org/10.1016/S0304-3800(98)00059-3.

Martin, S.J., (2019) Varroa destructor reproduction during the winter in Apis mellifera colonies in UK. Exp Appl Acarol 25, 321–325 (2001). Martin S J, Brettell L E, Annual Review of Virology, Vol.6:49-69, , https://doi.org/10.1146/annurev-virology-092818-015700

Martin, S.J., & Grindrod, I., (2020): Natural Varroa-Resistant Honey Bees: BBKA News Special Issue Series

Martin, S.J., Hawkins, G.P., Brettell, L.E., *et al*. (2020) Varroa destructor reproduction and cell re-capping in mite-resistant Apis mellifera populations. Apidologie 51, 369–381. https://doi.org/10.1007/s13592-019-00721-9

Matthijs, S., De Waele, V., Vandenberge, V. et al., (2020) Nationwide Screening for Bee Viruses and Parasites in Belgian Honey Bees. Viruses 12(8):890. https://doi.org/10.3390/v12080890

McAfee, A., (2021), The Legacy of the Mite-Biting Bees, American Bee Journal, https://americanbeejournal.com/the-legacy-of-the-mite-biting-bees/

Mitchell, D., (2023), Honeybee cluster—not insulation but stressful heat sink, J. R. Soc. Interface.20202304882023048 8 http://doi.org/10.1098/rsif.2023.0488

Möckel, N., Gisder, S., Genersch, E., (2011) Horizontal transmission of deformed wing virus: pathological consequences in adult bees (Apis mellifera) depend on the transmission https://doi.org/10.1099/vir.0.025940-0(2011)

Mondet, F., Alaux, C., Severac, D. *et al.*(2015) Antennae hold a key to *Varroa*-sensitive hygiene behaviour in honey bees. *Sci Rep* **5**, 10454 (2015). https://doi.org/10.1038/srep10454

Mondet, F., Blanchard, S., Barthes, N. *et al.* (2021) Chemical detection triggers honey bee defense against a destructive parasitic threat. *Nat Chem Biol* **17**, 524–530. https://doi.org/10.1038/s41589-020-00720-3

Mullin, C.A., Frazier, M., Frazier, J.L. *et al.* (2010) High levels of miticides and agrochemicals in North American apiaries: implications for honey bee health. PLoS One. (2010) https://doi.org/10.1371/journal.pone.0009754

National Bee Unit (2017), Managing Varroa leaflet.

Oddie, M., Büchler, R., Dahle, B., *et al.* (2018) Rapid parallel evolution overcomes global honey bee parasite. *Sci Rep* **8**, 7704. https://doi.org/10.1038/s41598-018-26001-7

Omar, R.E.M., (2017) Effect of Varroa Infestation on the Development of Body Weight and some Reproductive Organs of Honeybee Drones, Apis mellifera L. 272-279.pdf

Page, R.E., (1981) Protandrous Reproduction in Honey Bees, *Environmental Entomology*, Volume 10, Issue 3, 1 June 1981, Pages 359–362, https://doi.org/10.1093/ee/10.3.359 as cited by Thomas D. Seeley in The Lives of Bees.

Payne, A.N., Walsh, E.M., Rangel, J., (2019) Initial Exposure of Wax Foundation to Agrochemicals Causes Negligible Effects on the Growth and Winter Survival of Incipient Honey Bee (Apis mellifera) Colonies. Insects Jan 8;10(1):19. https://doi.org/10.3390/insects10010019

Ramsey, S.D., Ochoa, R., Bauchan, G., *et al.* (2019) Varroa destructor feeds primarily on honey bee fat body tissue and not hemolymph. Proc Natl Acad Sci U S A. 2019 Jan 29;116(5):1792-1801. https://doi.org/10.1073/pnas.1818371116

Rehm, S., and Ritter W., (1989) Sequence of the sexes in the offspring of Varroa jacobsoni and the resulting consequences for the calculation of the developmental period. Apidologie. 20: 339–343. https://doi.org/10.1051/apido:19890406

Remolina, S.C., & Hughes, K.A., (2008) Evolution and mechanisms of long life and high fertility in queen honey bees. *AGE* **30**, 177–185. https://doi.org/10.1007/s11357-008-9061-4

Rinderer, T.E., De Guzman, L.I., Lancaster, V.A., *et al.*, (1999) Varroa in the Mating Yard: I. The Effects of Varroa jacobsoni and Apistan® on Drone Honey Bees. Am. Bee J. 134–139

Rosenkranz, P., Aumeier, P., Ziegelmann, B., (2010) Biology and control of Varroa destructor. J Invertebr Pathol. 2010 Jan;103 Suppl 1:S96-119. https://doi.org/10.1016/j.jip.2009.07.016

Rothenbuhler, W.C., (1964) Behaviour genetics of nest cleaning in honey bees. I. Responses of four inbred lines to disease-killed brood, Animal Behaviour, Volume 12, Issue 4, Pages 578-583, ISSN 0003-3472, https://doi.org/10.1016/0003-3472(64)90082-X.

Schiffer, T., Natural Bee Husbandry, Issue 12 (2019).

Simone-Finstrom, M., & Spivak, M., (2010) Propolis and bee health: the natural history and significance of resin use by honey bees. Apidologie 41, 295–311. https://doi.org/10.1051/apido/2010016

Spivak, M., & Danka, R.G., (2021) Perspectives on hygienic behavior in Apis mellifera and other social insects. Apidologie 52, 1–16. https://doi.org/10.1007/s13592-02000784-z

Spivak, M., Masterman, R., Ross, R. *et al.* (2003) Hygienic behavior in the honey bee (Apis mellifera L.) and the modulatory role of octopamine. J Neurobiol. 2003 Jun;55(3):341 54. https://doi.org/10.1002/neu.10219

Stevens, C., VSH bee breeding, (https://www.stevensbeeco.com/).

Swindon Honey bee Conservation Group, founded by the late Ron Hoskins (www. swindonhoneybeeconservation.org.uk). This website is now defunct with some pictures available on Facebook. Content added from Honnigman P, (2015), Oxford Natural Beekeeping Group.

Topolska, G.. (2001) Varroa destructor (Anderson i Trueman, 2000); zmiana w klasyfikacji w obrebie rodzaju Varroa (Oudemans, 1904) [Varroa destructor (Anderson and Trueman, 2000); the change in classification within the genus Varroa (Oudemans, 1904)]. Wiad Parazytol. 2001;47(1):151-5. Polish. PMID: 16888966.

University of Sussex, Breeding hygienic honey bees, and the effect of hygiene on and diseases, https://www.sussex.ac.uk/lasi/sussexplan/hygienicbees

Valentine, A., Martin, S.J., (2023) A survey of UK beekeeper's Varroa treatment habits. PLoS ONE 18(2): e0281130. https://doi.org/10.1371/journal.pone.0281130

Villegas, A.J., & Villa, J.D., (2006) Uncapping of pupal cells by European bees in the United States as responses to Varroa destructor and Galleria mellonella, Journal of Apicultural Research 45(3): 203–206 https://doi.org/10.1080/00218839.2006.11101348

Visick, O., & Ratnieks, F., (2023) Ancient, veteran and other listed trees as nest sites for wild living honey bee, Apis mellifera, colonies, October 2023: Journal of Insect Conservation https://doi.org/10.1007/s10841-023-00530-7

White, J., (2019), BBKA Magazine, June edition, pages 201-202.

Meer leesvoer

Seeley, TD, The Lives of Bees, (2019), Princeton University Press.

Heath D, Treatment-Free Beekeeping, (2021), IBRA and Northern Bee Books.

Website gebaseerd op de wetenschap en educatie :
www.varroaresistant.uk

Website Imkervereniging Westerham:
https://westerham.kbka.org.uk/

Appendix

Korte-termijn biotechnische opstap

Uit het contact met imkers lokaal en ook tijdens presentaties door het hele land is gebleken dat er grote interesse bestaat om af te stappen van het behandelen. Deze interesse gaat echter gepaard met een diepgewortelde angst dat "als je niet behandelt, je bijen zullen sterven". Toen we het project bij de imkervereniging Westerham startten, waren wij niet anders. Het overleven van de volken was belangrijker dan de gezondheid van het volk.

Deze appendix voegen we toe als mogelijke tussenstap voor imkers richting varroaresistentie. De aanpak geeft tijd om de focus te verleggen naar de interactie tussen de bij en varroa, in plaats van op de vraag welke behandeling op verschillende momenten van het seizoen te gebruiken.

Met dank en eer aan Dr. Ralph Büchler voor deze ideeën die ons inspireerden en begeleidden tijdens de eerste fase van ons project. We ontmoetten Ralph voor het eerst in Gormanston (een zomercursus net ten noorden van Dublin) in 2017. Hij gaf een reeks lezingen over varroa die vier dagen duurde, waarin we leerden over twee technieken waarop de varroa-aantallen bij de winterbijen kunnen worden aangepakt: het arrestraam en de broedafname. Details van beide technieken zijn te vinden op de website van Imkervereniging Westerham (https://westerham.kbka.org.uk/natural-beekeeping/), inclusief hoe een arrestraam te maken voor een fractie van de kosten in de handel.

Biotechnische versus chemische behandeling

Het onderzoek dat ons overtuigde deze methoden te proberen, werd gecoördineerd door Instituut Kirchhain in Duitsland met 140 volken. De test was bedoeld om te zien hoe de volken het deden onder verschillende behandelingen in nazomer. Dit werd gedaan door de grootte van de volken in het voorjaar te vergelijken in verhouding tot de grootte in de voorgaande zomer vóór varroabehandeling. De verhouding in grootte tussen de beide momenten is een maat van het overwinteringssucces.

Er werden 3 methoden getest voor het behandelen tegen varroa:

1. Een controle, waarbij langzaam verdampend mierenzuur werd gebruikt, een populaire methode in Duitsland.

2. Broedafname in augustus, waarbij ramen met gesloten broed werden vervangen door lege uitgebouwde ramen zodat de koningin daarin de eitjes voor de winterbijen kan leggen. Ramen met voer bleven in het volk. Deze ingreep kost minder dan 10 minuten per volk.

3. Arrestraammethode, waarbij de koningin wordt beperkt tot het leggen van eitjes op een raam in een kooi van moerrooster. Na enige tijd is het broed in de kooi het enige open broed en dat trekt vervolgens de mijten aan. Zodra het broed verzegeld is, wordt het broedraam samen met de mijten weggegooid en vervangen door een nieuw raam voor de koningin om op te leggen en het proces wordt herhaald. Er werden 2 versies getest. Eén die begon in juli en de andere die begon in augustus.

De resultaten (zie figuur 17.1) toonden aan dat de volken in het voorjaar aanzienlijk groter waren bij gebruik van het arrestraam, met positief effect in het jaar erop op de honingopbrengst en de groei van het volk. Interessant genoeg kwamen de met mierenzuur behandelde volken en die waarvan alle afgesloten broed in augustus was verwijderd, het volgende voorjaar ongeveer op hetzelfde uit.

Figuur 17.1: Vergelijking van overwinterende volken na verschillende behandelingen tijdens de voorgaande zomer.

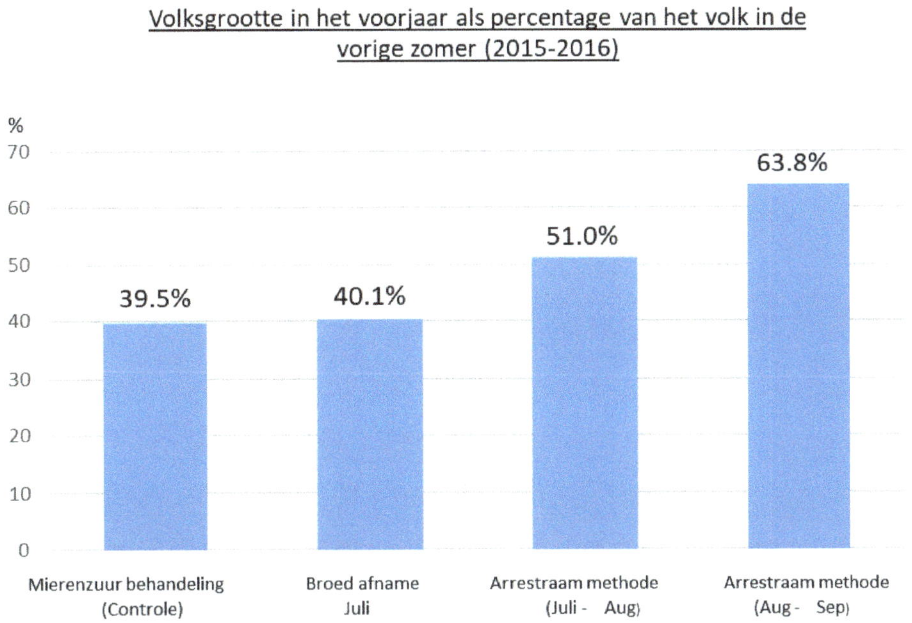

Grafiek: Onderzoek van het LLH Bieneninstitut Kirchhain.

Ervaring van imkers in Westerham

We hebben deze methoden in 2018 geprobeerd bij de helft van onze volken en zijn ermee doorgegaan bij enkele volken in 2019. Hier zijn enkele samenvattende gedachten.

Arrestraammethode ("ARM")

De ARM liep vanaf ongeveer 10 juli gedurende ongeveer 4 weken, waarbij de koningin gedurende die tijd op twee opeenvolgende broedramen werd opgesloten. De koningin werd vervolgens teruggezet in het volk om in augustus het broed, met weinig varroa, voor de winterbijen aan te zetten.

Fig 17.2: Het Westerham arrestraam ontworpen voor een fractie van de kosten in de handel en zeer efficiënt in het verwijderen van varroa.

Foto: Steve Riley.

Broedafname

Dit begon rond 10-15 augustus. Het kostte minder dan 10 minuten per volk, maar er was wel veel planning nodig om schone, uitgebouwde ramen beschikbaar te hebben, zodat de koningin meteen de eitjes voor de winterbijen kon leggen. Alle ramen met voer bleven achter.

We vonden deze aanpak voldoende voor de overwintering, maar minder effectief bij het bestrijden van mijten dan het arrestraam, omdat de mijten, die op de bijen zaten, niet gevangen werden.

Resultaten

We waren superblij dat we aan het eind van een zenuwslopende eerste winter onze bijen in het voorjaar uit het gat in de dekplank zagen puilen. 26 van de 28 volken hadden de winter overleefd. De 2 verloren volken waren te wijten aan koninginnenproblemen in de herfst, nadat we gestopt waren met inspecteren. Geen verliezen door varroa.

We waren begonnen met het tellen van de mijtval om de seizoensgebonden trends en de impact van deze technieken te begrijpen. De onderstaande grafiek laat het lage aantal mijten in de winter van 2018/19 zien, als gevolg van de ARM en de broedafname in juli-augustus 2018. In de zomer van 2019 is de effectiviteit van de behandelingen nog steeds zichtbaar in de volken.

Figuur 17.3: Toont de effectiviteit van twee biotechnische methoden om varroa te behandelen - effectiever dan behandelingen met chemische middelen. Er zijn geen winterbehandelingen toegepast.

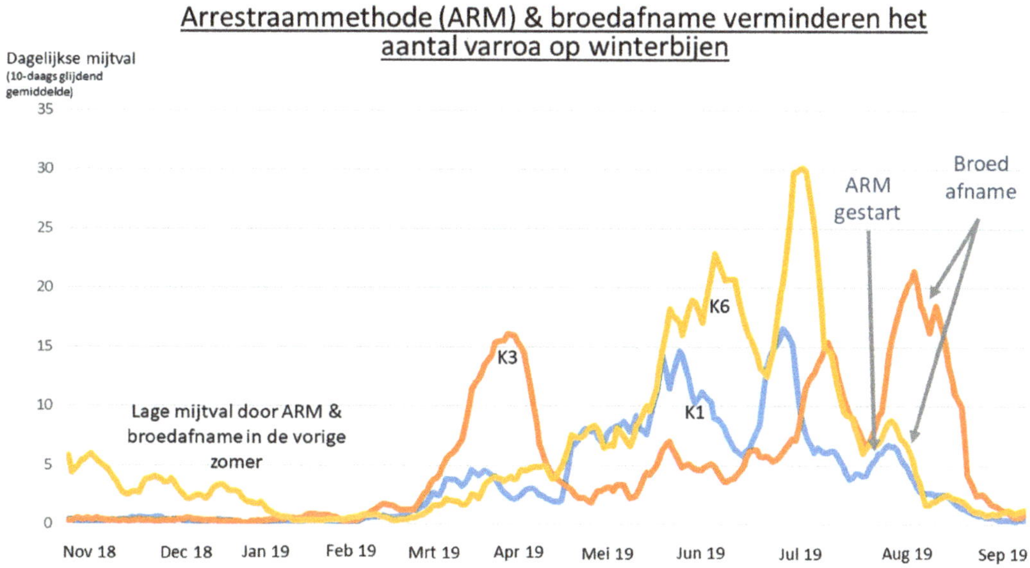

Grafiek: Steve Riley.

Dit is een van de twee dia's over het project van de imkervereniging Westerham die Ralph gebruikte in zijn serie van vier presentaties voor de National Honey Show in oktober 2019. De lezingen zijn gratis te bekijken op https://www.youtube.com/watch?v=KwuR3uMkMF0. De hoofdgroep gebruikte deze behandelstrategie slechts één seizoen of twee bij sommige volken voordat ze er mee stopten. We konden zien hoe het werkte en hadden het achter de hand als al het andere mislukte. We voelden ons ook ongemakkelijk bij het doden van broed, hoewel we wel wisten dat het zwaar was besmet met varroa.

In wezen waren de methoden zo succesvol in het bestrijden van mijten, beter dan enige combinatie van chemische middelen die we eerder hadden gebruikt, dat ze in feite de chemische behandelingen hadden vervangen. Omdat er geen mijten waren, konden de bijen niet laten zien wat ze zelf konden. Het was geen oplossing voor de lange termijn. We konden wel zien dat we geen chemie nodig hadden tegen de mijten.

De biotechnische strategie diende vooral ook om onze angst voor het stoppen van chemische behandelingen te overwinnen en verder te gaan met het vinden van resistentie-eigenschappen in onze volken. In die overgangsperiode waren de ongeveer acht maanden tussen de behandeling tot de volgende april, waarin de bijen en de varroa samenleefden zonder winterbehandeling. De sterke broedontwikkeling in het voorjaar bood flink ruimte voor varroa om zich voort te planten en voor de bijen om er wat tegen te doen. Dat was ons sein om de mijtaantallen nauwlettend te volgen en te letten op tekenen van het openen van cellen en het trekken van broed wat de voortplanting van varroa onderbreekt.

We konden toen conclusies trekken over het vermogen van verschillende volken om varroa aan te pakken, met ook een nadruk op de gezondheid van het volk, niet alleen maar dat het overleefde. De korte overgangsstap had gewerkt.

www.ingramcontent.com/pod-product-compliance
Ingram Content Group UK Ltd.
Pitfield, Milton Keynes, MK11 3LW, UK
UKHW062009041026
15591UKWH00017B/1246

9 781919 200460